石油化工安装工程技能操作人员技术问答丛书

钳　　工

丛 书 主 编　吴忠宪
本 册 主 编　南亚林
本册执行主编　王永红

中国石化出版社

图书在版编目（CIP）数据

钳工／南亚林主编．—北京：中国石化出版社，2018.7
（石油化工安装工程技能操作人员技术问答丛书／吴忠宪主编）
ISBN 978－7－5114－4827－9

Ⅰ.①钳…　Ⅱ.①南…　Ⅲ.①钳工-基本知识
Ⅳ.①TG9

中国版本图书馆 CIP 数据核字（2018）第 153287 号

中国石化出版社出版发行
地址:北京市朝阳区吉市口路 9 号
邮编:100020　电话:(010)59964500
发行部电话:(010)59964526
http://www.sinopec-press.com
E-mail:press@sinopec.com
北京柏力行彩印有限公司印刷
全国各地新华书店经销
*
880×1230 毫米 32 开本 11.5 印张 241 千字
2018 年 8 月第 1 版　2018 年 8 月第 1 次印刷
定价:45.00 元

序　一

《石油化工安装工程技能操作人员技术问答丛书》（以下简称《丛书》）就要正式出版了，这是继《设计常见问题手册》出版后炼化工程在“三基”工作方面完成的又一项重要工作。

《丛书》图文并茂，采用问答的形式对工程建设过程的工序和技术要求进行了诠释，充分体现了实用性、准确性和先进性的结合，对安装工程技能操作人员学习掌握基础理论、增强安全质量意识、提高操作技能、解决实际问题、全面提高施工安装的水平和工程建设降本增效一定会发挥重要的作用。

我相信，这套《丛书》一定会成为行业培训的优秀教材并运用到工程建设的实践，同时得到广大读者的认可和喜爱。在《丛书》出版之际，谨向《丛书》作者和专家同志们表示衷心的感谢！

中国石油化工集团公司副总经理
中石化炼化工程（集团）股份有限公司董事长

2018年5月16日

序　二

近年来，随着石油化工行业的高速发展，工程建设的项目管理理念、方法日趋完善；装备机械化、管理信息化程度快速提升；新工艺、新技术、新材料不断得到应用，为工程建设的安全、质量和降本增效提供了保障。基于石油化工安装工程是一个劳动密集型行业，劳动力资源正处在向社会化过渡阶段，工程建设行业面临系统内的员工教培体系弱化，社会培训体系尚未完全建立，急需解决普及、持续提高参与工程建设者的基础知识、基本技能的问题。为此，我们组织编制了《石油化工安装工程技能操作人员技术问答丛书》(以下简称《丛书》)，旨在满足行业内初、中级工系统学习和提高操作技能的需求。

《丛书》包括专业施工操作技能和施工技术质量两个方面的内容，将如何解决施工过程中出现的“低老坏”质量问题作为重点。操作技能方面内容编制组织技师群体参与，技术质量方面内容主要由技术质量人员完成，涵盖最新技术规范规程、标准图集、施工手册的相关要求。

《丛书》从策划到出版，近两年的时间，百余位有着较深理论水平和现场丰富经验的专家做出了极大努力，查阅大量资料，克服各种困难，伏案整理写作，反复修改文稿，终成这套《丛书》，集公司专家最佳工作实践之大成。通过《丛书》的使用提高技能，更好地完成工作，是对他们最好的感谢。

在《丛书》出版之际，我代表编委会向参编的各位专家、向所有为《丛书》提供相关资料和支持的单位和同志们表示衷心的感谢！

中石化炼化工程(集团)股份有限公司副总经理
《丛书》编委会主任

2018年5月16日

前　言

石油化工生产过程具有“高温高压、易燃易爆、有毒有害”的特点，要实现“安、稳、长、满、优”运行，确保安装工程的施工质量是重要前提。“施工的质量就是用户的安全”应成为石油化工安装工程遵循的基本理念。

“工欲善其事，必先利其器”。要提高石油化工安装工程质量，首先要提高安装工程技能操作人员队伍的素质。当前，面临分包工程比重日益上升的现状，为数众多的初、中级工的培训迫在眉睫，而国内现有出版的石油化工安装工人培训书籍或者侧重于理论知识，或者侧重于技师等较高技能工人群体，尚未见到系统性的、主要针对初、中级工的专业培训书籍。为此，中石化炼化工程（集团）股份有限公司策划和组织专家编写了《石油化工安装工程技能操作人员技术问答丛书》，希望通过本丛书的学习和应用，能推动石油化工安装技能操作人员素质的提升，从而提高施工质量和效率，降低安全风险和成本，造福于海内外石油化工施工企业、石化用户和社会。

丛书遵循与现行国家标准规范协调一致、实用、先进的原则，以施工现场的经验为基础，突出实际操作技能，适当结合理论知识的学习，采用技术问答的形式，将施工现场的“低老坏”质量问题如何解决作为重点内容，同时提出专业施工的HSSE要求，适用于石油化工安装工程技能操作人员，尤其是初、中级工学习使用，也可作为施工技术人员进行技术培训所用。

丛书分为九卷，涵盖了石油化工安装工程管工、金属结构制作工、电焊工、钳工、电气安装工、仪表安装工、起重工、油漆工、保温工等九个主要工种。每个工种的内容根据各自工种特点，均包括以下四个部分：

第一篇，基础知识。包括专业术语、识图、工机具等概念，强调该工种应掌握的基础知识。

第二篇，基本技能。按专业施工工序及作业类型展开，强调该工种实际的工作操作要点。

第三篇，质量控制。尽量采用图文并茂形式，列举该工种常见的质量问题，强调问题的状况描述、成因分析和整改措施。

第四篇，安全知识。强调专业施工安全要求及与该工种相关的通用安全要求。

《石油化工安装工程技能操作人员技术问答丛书》由中石化炼化工程（集团）股份有限公司牵头组织，《管工》和《金属结构制作工》由中石化宁波工程有限公司编写，《电气安装工》由中石化南京工程有限公司编写，《仪表安装工》《保温工》和《油漆工》由中石化第四建设有限公司编写，《钳工》由中石化第五建设有限公司编写，《起重工》和《电焊工》由中石化第十建设有限公司编写，中国石化出版社对本丛书的编辑和出版工作给予了大力支持和指导，在此谨表谢意。

石油化工安装工程涉及面广，技术性强，由于我们水平和经验有限，书中难免存在疏漏和不妥之处，热忱希望广大读者提出宝贵意见。

丛书主编 吴忠宪

2018 年 5 月 16 日

《石油化工安装工程技能操作人员技术问答丛书》
编 委 会

刘小平　中石化宁波工程有限公司 高级工程师

李永红　中石化宁波工程有限公司副总工程师兼技术部主任 教授级高级工程师

宋纯民　中石化第十建设有限公司技术质量部副部长 高级工程师

肖珍平　中石化宁波工程有限公司副总经理 教授级高级工程师

张永明　中石化第五建设有限公司技术部副主任 高级工程师

张宝杰　中石化第四建设有限公司副总经理 教授级高级工程师

杨新和　中石化第四建设有限公司技术部副主任 高级工程师

赵喜平　中石化第十建设有限公司副总工程师兼技术质量部部长 教授级高级工程师

南亚林　中石化第五建设有限公司总工程师 高级工程师

高宏岩　中石化炼化工程（集团）股份有限公司高级工程师

董克学　中石化第十建设有限公司副总经理 教授级高级工程师

《石油化工安装工程技能操作人员技术问答丛书》

主　　编：吴忠宪　中石化第十建设有限公司党委书记兼副总经理 教授级高级工程师

副 主 编：刘小平　中石化宁波工程有限公司 高级工程师

孙桂宏　中石化南京工程有限公司技术部副主任 高级工程师

杨新和　中石化第四建设有限公司技术部副主任 高级工程师

王永红　中石化第五建设有限公司技术部主任 高级工程师

赵喜平　中石化第十建设有限公司副总工程师兼技术质量部部长 教授级高级工程师

高宏岩　中石化炼化工程（集团）股份有限公司 高级工程师

《钳工》分册编写组

主　　编：南亚林　中石化第五建设有限公司总工程师 高级工程师

执行主编：王永红　中石化第五建设有限公司技术部主任 高级工程师

副 主 编：宋嘎子　中石化第五建设有限公司 高级工程师

编　　委：兰普林　中石化第五建设有限公司 高级工程师

石玉玲　中石化第五建设有限公司 高级工程师

曾祥文　中石化第五建设有限公司 工程师

李广峰　中石化第五建设有限公司 工程师/技师

汪柒龙　中石化第五建设有限公司 高级技师/技能专家

安如江　中石化第五建设有限公司 高级技师/技能专家

禄登利　中石化第五建设有限公司 高级技师

目　　录

第一篇　基础知识

第二篇　基本技能

第三篇 质量控制

第四篇 安全知识

第一篇　基础知识

第一章　专业术语

第一节　通用术语

1. 什么是机械设备?

通过运动完成石油化工工艺过程的压缩机组、工业汽轮机组、搅拌机械、挤压造粒机械、泵、风机、过滤机、干燥机、破碎机、输送机等，包括主机、驱动机和附属设备，主机、驱动机又称机器。

2. 什么是开箱检验?

将机械设备的包装箱等包装物拆开，对设备及其附件进行清点、检查是否满足技术协议、规范要求的过程。

3. 什么是随机技术文件?

按技术协议、规范要求随设备出厂的设备说明书、图纸、产品质量证明文件和装箱清单等文件的总称。

4. 什么是基础验收?

基础完成后，对基础的位置、几何尺寸和质量进行检查，判断是否满足设计文件、规范要求的过程。

5. 什么是蜂窝?

设备基础混凝土表面局部酥松，砂浆少、石子多，石子之间空隙形成的蜂窝状孔洞。

6. 什么是麻面？

设备基础混凝土结构局部表面，水泥沙浆流失呈密密麻麻成片状的坑，粗骨料镶嵌在表面上。

7. 什么是基础处理？

是指在机械设备安装前对基础表面进行铲麻，将放置垫铁或支承调整螺钉用的支承板处的基础表面进行铲平以及将预留地脚螺栓孔内碎石、泥土等杂物和积水清理干净等进行的一系列工作，使得基础具备设备安装条件的过程。

8. 什么是基础预压试验？

大型设备就位前，对设备基础进行的静载压力沉降试验。

9. 什么是座浆法？

在垫铁和基础之间座入混凝土砂浆，以达到垫铁安装目的的安装方法。

10. 什么是无垫铁法？

机器的自重及地脚螺栓的拧紧力均由二次灌浆层来承担的安装方法。

11. 什么是定位基准？

用来确定机械设备安装位置的点、线、面基准。

12. 什么是放线？

机械设备就位前根据施工图纸，将机械设备安装及验收所需的纵、横平面位置和标高线在基础或建筑结构上划出，同时在机械设备上相应位置作出定位标识的过程。

13. 什么是就位？

将机械设备按规定要求摆放到安装位置的过程。

14. 什么是找正？

调整设备及其相关零部件的位置、相关状态，使其符合设计文件和规范要求的过程。

15. 什么是找平？

调整设备主要工作面的水平状态或铅垂状态符合设计文件和规范要求的过程。

16. 什么是初找平找正？

在地脚螺栓孔一次灌浆或锚固地脚螺栓固定前的机械设备安装中心、水平和标高的调整。

17. 什么是最终找平找正？

在地脚螺栓紧固的情况下对机械设备安装中心、水平和标高的调整。

18. 什么是偏差？

实测尺寸减其基本尺寸所得的代数差。

19. 什么是允许偏差？

极限尺寸减其基本尺寸所得的代数差。

20. 什么是安装精度偏差？

安装精度在允许偏差范围内，按一定原则对偏差值的正负（即方向）所作的规定。

21. 什么是线锤找正法？

依据重力垂直指向地心原理，利用线锤自重，确定点的垂直投影和直线垂直度的方法。

22. 什么是地脚螺栓？

用于设备、构件与基础固定的螺栓。

23. 什么是预埋地脚螺栓?

在浇灌设备混凝土基础时，预先将地脚螺栓安设在基础上，与基础混凝土同时浇灌。

24. 什么是灌浆?

用混凝土灌浆料或其他材料密实地填充地脚螺栓预留孔及设备底部与基础之间的空间的过程。

25. 什么是一次灌浆?

机器初找正后对地脚螺栓孔的灌浆。

26. 什么是二次灌浆?

对机器最终找平、找正后对底座的灌浆。

27. 什么是轴对中?

又称联轴器找正，指调整轴线相对于基准轴线的径向位移和轴向倾斜符合规定的要求。

28. 什么是激光对中?

安装在联轴器上的激光探测器将测量结果传输到显示器上，显示器根据读取的数值对两转子垂直方向和水平方向偏差进行计算，并显示调整量，通过调整机器设备前后支脚位置的水平偏差和垂直偏差，直到显示数值符合产品技术文件要求。

29. 什么是径向位移?

调整轴线相对于基准轴线在径向位置上的偏移量。

30. 什么是轴向倾斜?

调整轴线相对于基准轴线的倾斜程度。

31. 什么是软角?

设备某个支承脚与设备底座有间隙，并超过规定值

(≤0.05mm)状况。

32. 什么是装配?

按规定的技术要求将若干零件组合成部件或将若干零件和部件组合成机器的过程。

33. 什么是压入法装配?

用静力或冲击力装配零部件的方法。

34. 什么是温差法装配?

用加热包容件或冷却被包容件的方法来装配过盈配合件。

35. 什么是抬轴法?

测量轴承径向间隙的方法，装好轴承，在轴颈和轴承盖的最高点各打上一百分表，然后用专用工具缓慢均匀地将轴垂直向上抬起，直到轴承盖处的百分表产生0.005mm读数为止，测得轴颈百分表的数值就是轴承径向间隙。

36. 什么是压铅法?

测量轴承径向间隙的方法，把轴颈放在轴承下瓦上，在上瓦和轴颈之间放入软铅丝，用螺栓紧固轴承壳，然后打开轴承壳和上轴瓦，测量被压软铅丝厚度，再按公式计算出轴承径向间隙。

37. 什么是轴承紧力?

轴承在工作过程中，为了防止轴承在轴承座内发生转动或轴向移动，使轴承体和轴承座为过盈配合，其过盈量值称之为轴承紧力。

38. 什么是夹帮?

对开式轴承体中，滚动轴承外圈与轴承座在中分面位置的间隙，不能吸收由于轴承紧力产生的变形，使轴承外圈向内变形过大，对轴承造成损坏。

39. 什么是修帮？

装配对开式滚动轴承体时，对轴承盖与底座接合面按照规定要求进行修整。

40. 什么是刮研？

用涂色法检查零部件之间的接触情况，利用刮刀或锉刀对接触面进行刮削，使其接触面满足技术要求的方法。

41. 什么是清洗？

除去金属件表面污染物或覆盖层而使其表面状况恢复的过程。

42. 什么是脱脂？

用脱脂剂或其他相适宜的方法除去机器设备、零部件和管路含有的油(脂)。

43. 什么是酸洗？

使用特定的除锈、钝化清洗液，除去金属表面油污、锈皮和氧化层。

44. 什么是油冲洗？

使用润滑油或其他相适宜的溶液，循环清洗管道内表面。

45. 什么是清洁度？

零件、部件及整机特定部位的清洁程度。

46. 什么是单机试运转？

检验机器的机械性能、安装质量符合规范和设计文件要求的运转过程，常指单台设备进行的试运转。

47. 什么是联动试运转？

整套机组按其工作性能和运行要求，对数台设备组成的机组进行的试运转。

48. 什么是空负荷试运转?

机械设备安装完毕经检查验收合格后，不带负荷所进行的运转试验。

49. 什么是负荷试运转?

机械设备空负荷试运转合格后，带负荷所进行的运转试验。

第二节　机械设备术语

1. 什么是制动器?

用于机构或机器减速或停止的装置。

2. 什么是离合器?

一种可通过各种操纵方式，使主、从动部分在同轴线上传递运动和动力时，具有结合和分离功能的装置。

3. 什么是行程?

零、部件在运动过程中相对移动的距离。

4. 什么是风机工况点?

系统的阻力曲线与风机的压力-流量性能曲线的交点。

5. 什么是盘车?

启动前或停机后用手动、电动或其他方法使旋转部件缓慢转动。

6. 什么是正常运行点?

机组经常在该点运行，设计上具有最佳效率的运行点。

7. 什么是表压力？

高出当地大气压的压力值，由压力表测得的压力值即为表压力。

8. 什么是绝对压力？

以绝对真空为零点的压力，等于大气压力（1.013bar）加表压力的代数和。

9. 什么是测振装置？

由测振探头、趋近器、转换器等部件组成的装置，利用测量探头与被测量表面间磁场的变化，测量转子的横向振动和轴向窜动。

10. 什么是刚性轴？

转子的工作转速在第一临界转速以下称硬轴，也称为刚性轴。

11. 什么是柔性轴？

转子的工作转速在第一临界转速以上则称软轴，也称为柔性轴。

12. 什么是有油或无油润滑压缩机？

气缸、填料函用注油润滑的压缩机称有油润滑的压缩机，没有注油润滑的压缩机称为无油润滑压缩机。通常无油润滑压缩机的活塞环和填料函是用自润滑材料制成的。

13. 什么是润滑油的三级过滤？

（1）从储油库领油大桶到固定油箱或油桶称为一级过滤，一级滤网60目。

（2）从固定油箱或油桶到油壶或提油桶称为二级过滤，二级滤网80目。

（3）从油壶或提油桶到设备润滑点称为三级过滤，三级滤网

100 目，见图 1-1-1。

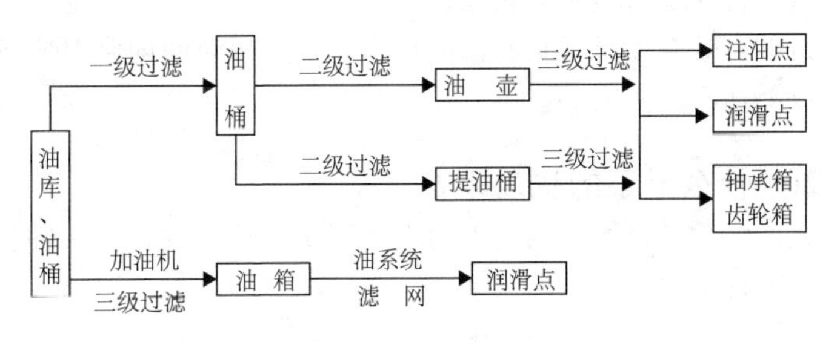

图 1-1-1 润滑油三级过滤方框图示

14. 什么是机械密封？

指由至少一对垂直于旋转轴线的端面在流体压力及补偿机构弹力(或磁力)共同作用以及辅助密封的配合下，该对端面保持贴合并相对滑动，而构成的防止流体泄漏的装置。

15. 什么是干气密封？

干气密封是一种气膜润滑的流体动、静压结合型非接触式机械密封。

16. 什么是泵流量？

泵流量又叫排量、扬水量等，是泵在单位时间内排出液体的数量，常用体积流量表示，单位为 m^3/s。

17. 什么是泵的扬程？

泵的扬程是指单位重量液体通过泵做功以后其能量的增加值，单位为 m。

18. 什么是功率？

功率是反映做功快慢的物理量。功率是指单位时间内所作功的大小，常用单位为 kW。

19. 什么是泵的有效功率?

泵的有效功率是指泵的输出功率，是单位时间内泵对所输送液体做的功，单位为kW。

20. 什么是泵的轴功率?

泵的轴功率是指泵的输入功率，即从电动机输入到泵轴上的功率，单位为kW。

21. 什么是泵的效率?

效率的高低说明泵性能的好坏及动力利用的多少，是泵的一项主要技术经济指标，泵的效率又称泵的总效率，是泵的机械效率、容积效率及水力效率三者的乘积。

$\eta = \eta_{机} \cdot \eta_{容} \cdot \eta_{水力}$。一般离心泵的效率在0.60~0.80之间。

22. 什么是泵的汽蚀现象?

泵中流动着的液体由于局部压力降低至临界压力(一般接近汽化压力)时，液体中气核成长为汽泡，汽泡的聚积、流动、分裂、溃灭过程的总称。

23. 什么是泵的汽蚀余量?

泵的汽蚀余量是指在泵吸入口处单位重量液体所具有的超过汽化压力的富余能量。

24. 什么是泵的允许汽蚀余量?

泵的允许汽蚀余量指泵所要求的保障不发生汽蚀现象的一个安全余量。

25. 什么是轴流风机?

工质气体主要以轴向流动方式通过叶轮的透平式风机。轴流式风机通常用在流量要求较高而压力要求较低的场合。

26. 什么是汽轮机的级?

汽轮机中所谓的级是指由喷嘴和与其相对应的动叶片构成的汽轮机作功的单元。级可分为压力级和速度级。

27. 什么是汽轮机的压力级?

把由喷嘴和动叶片组成的级串联在同一根轴上，将蒸汽的能量分别加以利用，在第一列喷嘴进口处的蒸汽压力最高，以后降低，其中的每个级都叫压力级。

28. 什么是汽轮机的速度级?

速度级又称复速级，它与冲动式压力级的工作原理是一样的，不同的是蒸汽动能可用导向叶片引入第二排叶片中(第一个叶轮可安装二排叶片)进一步推动转轴作功，称为速度级。

29. 什么是机组的惰走时间?

机组的惰走时间是指机组切除系统，并尽可能降低机组的负载(流量降至飞动限)后，自主汽门和调速汽门关闭到转子完全静止这段时间。由于气体压缩机组只能卸掉部分负载，故所测得的惰走时间是在负载条件下的惰走时间，为了使每次停机所测得的惰走时间能够互相比较，必须使每次测得的惰走时间的条件(如机组负载、转速、凝汽器真空度或背压等)尽可能相同。

惰走时间变长说明汽轮机主汽门及调速汽门有泄漏现象。惰走时间缩短则说明机组同心度变差，机械部分有摩擦，润滑油质劣化。

30. 什么是汽轮机的临界转速?

汽轮机的转子是弹性体，具有一定的自由振动频率，离心力引起转子的强迫振动，当转子的强迫振动频率和自由振动频率相重合时，就产生了共振。表现为转子通过某一转速时，振动突然加大，随着转速的提高振动逐渐减小，工程上将这个现象称为临界转速现象，这一特定转速称为临界转速。

第二章 识图

第一节 视图

1. 三视图的投影规律是什么?

主、俯视图长对正，主、左视图高平齐，俯、左视图宽相等，即“长对正，高平齐，宽相等”，这就是三视图的投影规律。

2. 对照实物看视图有哪些步骤和方法?

(1)看图名：首先根据视图之间的关系，找出主视图、俯视图和左视图。

(2)定方位：要看清主视图的图形特征，再翻动实物，找出与主视图相符的轮廓形状，然后摆好实物，并确定实物上、下、左、右和前、后方位。

(3)对表面：找出实物与图形对应的表面形状。

(4)看整体：从主、俯、左三个视图综合起来全面核对实物整体形状，并注意视图中线框和实物表面形状的联系。

对着实物(或立体图)看三视图的步骤和方法，归纳起来就是:

一个物体好几面，每个视图表一面。
前面形状看主视，上下左右能表现。
顶面形状看俯视，前后左右能分辨。
左面形状看左视，上下前后方位见。
只看一面不全面，三面全看整体现。

第二节　零件图与装配图

1. 机械零件形状视图的表达方法有哪些？

（1）三视图；

（2）斜视图和局部视图；

（3）旋转视图；

（4）把主视图改画成半剖视图；

（5）把左视图改画成半剖视图；

（6）把主视图改画成全剖视，并补画出半剖视的左视图；

（7）把视图改画成局部剖视图；

（8）画三个基本视图，并做剖视图，标注尺寸。

2. 零件图包括哪些内容？

（1）一组图形：包括视图、剖视图、剖面图等，主要用来表示零件的内部和外部结构形状；

（2）完整的尺寸：零件在加工检验时所需的全部尺寸；

（3）技术要求：表明零件加工时应保证的技术要求，如尺寸公差、表面粗糙度、形位公差、表面处理和热处理；

（4）标题栏：说明零件的名称、材料、数量、图样比例、图纸编号以及有关设计、描图、校对等人员签名。

3. 读零件图的步骤和方法是什么？

（1）读标题栏：了解零件的名称、材料、画图的比例、重量等。

（2）分析视图，想象形状：读零件的内、外形状和结构，是读零件图的重点。组合体的读图方法（包括视图、剖视、剖面等)，仍然适用于读零件图。从基本视图看出零件的大体内外形状；结合局部视图、斜视图以及剖面等表达方法，读懂零件的局部或斜面的形状；同时，也从设计和加工方面的要求，了解零件的一些结构的作用。

(3)分析尺寸和技术要求：了解零件各部分的定形、定位尺寸和零件的总体尺寸，以及注写尺寸时所用的基准。要读懂技术要求，如表面粗糙度、公差与配合等内容。

(4)综合考虑：把读懂的结构形状、尺寸标注和技术要求等内容综合起来，就能比较全面地读懂这张零件图。有时为了读懂比较复杂的零件图，还需参考有关的技术资料，包括零件所在的部件装配图以及与它有关零件图。

4. 如何绘制零件图？

任何一台机器都是由许多零件按一定的技术要求和装配关系组成的。每个零件在机器中都起着一定的作用，所以零件的形状、尺寸和技术要求等也有所不同。绘制零件图时，一般都需要解决零件的结构形状、大小、技术要求等在图样上如何表示的问题。通常在表达零件的结构形状时，采用图示法；在表达形状大小时，采用尺寸标注法，而用公差配合和表面粗糙度等技术内容，来表示零件的精确程度和质量。

5. 什么是装配图？

能反映机器或部件的工作原理及内部零件之间装配关系的图样称为装配图。

6. 如何读装配图？

(1)首先看标题栏和明细表：根据零件的编号，了解各部件的名称和装配图的概况。

(2)分析视图：弄清视图之间的关系，找出剖视、剖面的剖切位置和剖视方向，注意图中采用的特殊表达方法。

(3)分析零件：根据明细表中的零件序号，查找装配图上同一零件指引线的部位，了解各零件的装配连接关系。

(4)根据图上的技术要求，研究工作原理及拆卸顺序。

(5)看装配图，也可与立体图或实物相互对照来分析研究，加深对装配图的理解和识别。

第三节　工程图

1. 如何读设备平面布置图?

(1)确定设备与建筑物结构、设备间的定位问题。

(2)明确视图关系(看图时要首先清点设备布置图的张数，明确各张图上平面图和立面图的配置，进一步分析各立面剖视图在平面上的剖切位置，弄清各个视图之间的关系)。

(3)看懂建筑结构图。

(4)分析设备位置，从设备一览表了解设备的种类、名称、位置和数量等内容。

(5)从平面图、立面图中分析设备与建筑结构、设备与设备的相对位置及设备的标高。

2. 如何读设备基础图?

(1)设备基础图反映设备基础所在的位置：轴线尺寸、坐标、各部分平面标高，预留洞位置。

(2)通过轴线来查找基础位置：①注意各部分的标高；②留意预留孔洞的位置；③根据索引查局部详图。

第三章　工量具

第一节　工具

1. 虎钳有什么作用?

虎钳用于夹持工作物，是钳工日常工作中不可缺少的工具。在进行锉削和锯削等工作时，都离不开它。

2. 常用的虎钳有哪几种?

钳工常用的虎钳有手虎钳(图1-3-1)、台虎钳(图1-3-2)和平口虎钳(图1-3-3)三种。平口虎钳又分为可倾式和固定式两种。

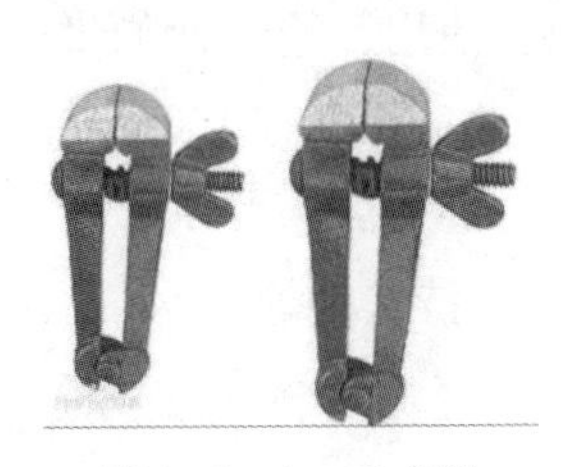

图1-3-1　手虎钳

图1-3-2　台虎钳

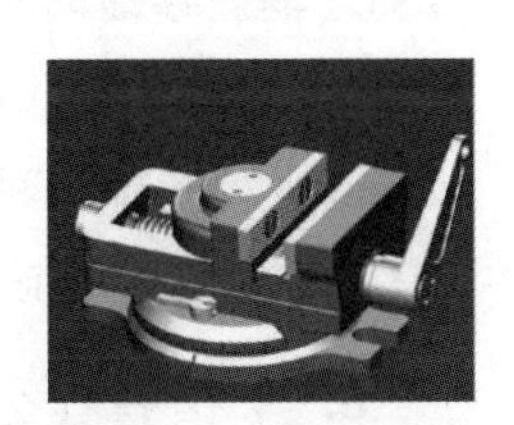

图1-3-3　平口虎钳

3. 常用的扳手有哪几种，其各有哪些用途?

(1)呆扳手：又称固定扳手，主要用来装卸六角头或方头螺栓和螺母。它又分为单头扳手、双头扳手和梅花扳手三种形式。

(2)活扳手：扳手开口的宽度可以调节，能扳动一定尺寸范围内的六角头或方形螺栓和螺母。

(3)套筒扳手：由一套尺寸不等的扳手组成，除具有一般扳手的功用外，特别适合于旋转地方狭小或凹下很深的地方的六角头螺栓或螺母。

(4)专用扳手：根据各种形状的螺母的形式和结构而设计的，如内六角扳手、钩扳手等。

4. 常用的螺钉旋具有哪几种？

(1)根据柄部的材料，螺钉旋具可分为：

①木柄螺钉旋具：分为普通式和串心式两种，串心式能承受较大的扭矩，并可在尾部敲击；

②塑料柄螺钉旋具：具有一定的绝缘性能，最适合于电工使用。

(2)根据旋拧螺钉头部的沟槽形式，螺钉旋具可以分为一字槽螺钉旋具和十字槽螺钉旋具两种。

5. 常用的手钳有哪两种？

(1)钢丝钳：用于夹持或折断金属薄板及切断金属丝。它又分为铁柄和绝缘柄两种。铁柄的供非带电场合使用，绝缘柄的供带电场合使用(工作电压为500V)。钢丝钳的钳身长度有150mm、175mm、200mm三种。

(2)尖嘴钳：能在较小的工作空间操作、夹持工件等。

6. 卡钳有什么用途？

卡钳是简单的间接量具，不能直接读出测量数值，必须与钢直尺或其他带有刻度的量具一起使用。

7. 卡钳根据用途可分为哪两种？

(1)外卡钳：是由两个弧形卡脚连接起来的，两个钳口相对着，可用来测量外尺寸，如外圆直径、厚度、宽度等。

(2)内卡钳：是由两个直形卡脚连接起来的，两个钳口向外，可用来测量内尺寸，如孔径、沟槽等，见图 1-3-4。

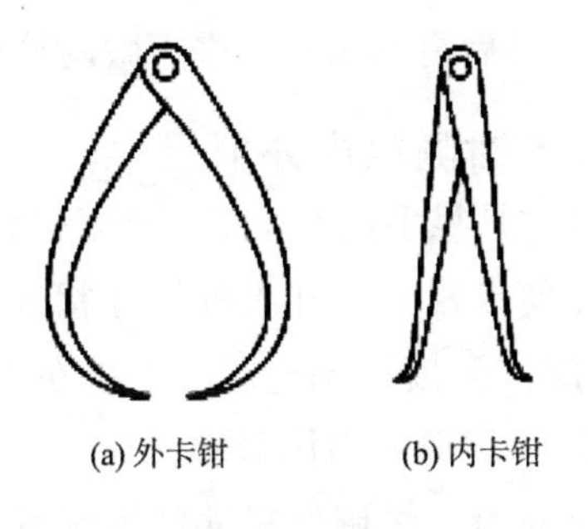

图 1-3-4 卡钳

8. 卡钳根据结构可分为哪两种？如何区别？

(1)可分为普通卡钳和弹簧卡钳。

(2)普通卡钳是用铆钉或螺钉连接两个卡脚；而弹簧卡钳则是用弹簧连接两个卡脚，通过调整螺母来限制卡脚张开程度的大小。

9. 常用的卡钳其规格(长度)有哪些？

卡钳的规格(长度)有 100mm、125mm、200mm、250mm、300mm、350mm、400mm、450mm、500mm、600mm 共 10 种。

10. 卡钳的特点有哪些？

卡钳结构简单，制造容易，使用和保养方便。一般只用在粗加工时测量大的尺寸。

11. 如何调整普通卡钳的开度？

先用两手进行大致调整，到开度接近需要的大小时，轻敲卡脚的两侧面。

12. 如何调整弹簧卡钳的开度?

先用左手的拇指和食指握住两个卡脚的下部，使两卡脚合拢；再用右手旋转螺母到适当位置，然后轻轻放松两卡脚，靠弹簧的回力使它张开，最后再利用螺母进行微调整到所需开度。

13. 如何使用卡钳测量内外部尺寸?

(1)用卡钳测量，是靠手指的灵敏感觉来得到准确尺寸的。

(2)测量时，先使卡钳开度和工件尺寸相近似，然后轻敲卡钳内外侧来调整卡脚的开度；调整时，不可在工件表面上敲击，也不可敲击卡钳的钳口，以免损伤卡钳。

(3)测量外部尺寸时，将调好尺寸的卡钳垂直地放于被测量的工件上试量，直至卡钳靠自重从工件上滑下去，手指有明显的感觉为止。用大卡钳测量时，一只手托住一只卡脚，使之靠紧测量表面，另一只手握住铰链处，使另一只卡脚在工件上轻轻滑过，如图1-3-5所示。测量时，必须使卡钳与工件的轴线或基准面相垂直。

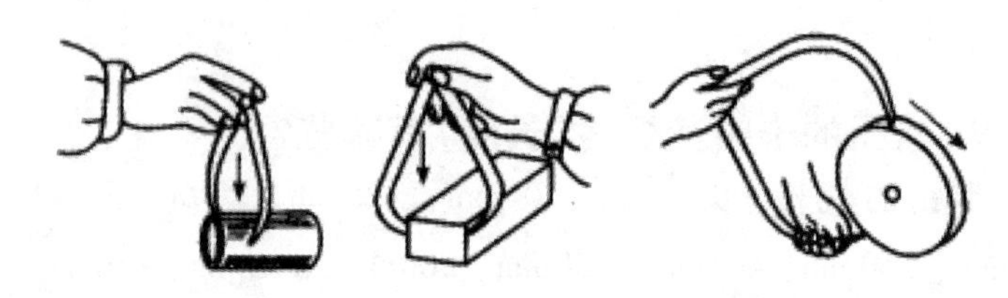

图1-3-5　卡钳测量

(4)测量内部尺寸时，将内卡钳插入孔内或槽内的靠边缘部分，将一卡脚和工件表面贴住，另一卡脚作前后左右摆动，经反复调整，直至卡脚贴合松紧适度为止，如图1-3-6所示。这时手指有轻微摩擦的感觉。测量时，要注意卡钳应与孔端面和槽的基准面相垂直。

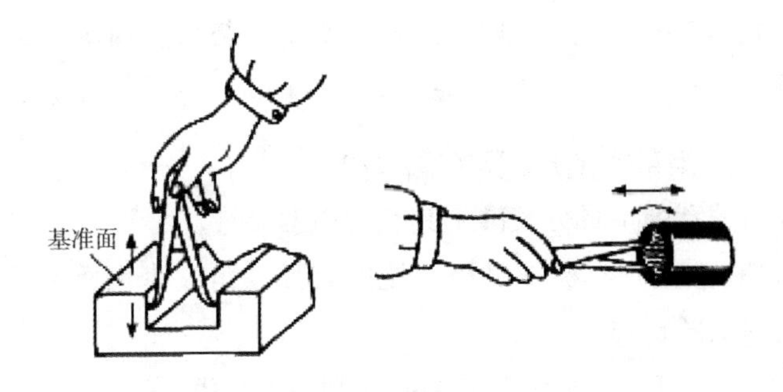

图 1-3-6　卡钳内部测量

14. 常用手锤的型号有哪几种?

常用手锤的型号有 0.2kg、0.5kg、0.8kg、1kg 等几种。

15. 如何选择锯条?

(1)锯割软材料或锯割较厚工件时，锯条每一行程所切下的锯屑较多，要求锯条要有较大的容屑空间，因而应选用粗齿锯条。

(2)在锯割硬材料时，由于锯齿不易切入，锯屑量也少，因而应选用细齿锯条。此外，选用细齿锯条还能增加同时工作齿数，从而可提高切锯速度。

(3)锯板料时应选细齿锯条，以增加同时工作齿数，减小每个锯齿的负荷，防止锯齿折断。

16. 锯条折断的常见原因有哪些?

(1)锯条装得过紧或过松。

(2)工件装夹不正确，锯削部位距钳口太远，以致产生抖动或松动。

(3)锯缝歪斜后强行纠正，使锯条被折断;

(4)用力太大或锯削时突然加大压力;

(5)新换的锯条在旧锯缝中被卡住而折断;

(6)工件锯断时没及时掌握好，使手锯与台虎钳等相撞而折断锯条。

17. 常用的刮削工具有哪些？

常用的刮削工具分校准工具和刮刀两类。

(1)校准工具有标准平板、校准直尺、角度直尺、专用型面平板和刮削胎具等。

(2)刮刀可分为平面刮刀和曲面刮刀两大类。

18. 如何进行刮刀的刃磨？

先用砂轮机将刀坯精磨成型，经淬火后再用细砂轮或油石精磨，直到达到要求，刮刀的几何角度，可根据刮刀姿势以及刮削表面的不同要求而定。刮刀精磨时在油石上的运动方向，应与刮刀工作时的运动方向垂直。

19. 常用的錾子有哪几种？

有扁錾、尖錾、油槽錾三种，如图 1-3-7 所示。

20. 锉削时如何选择锉刀？

(1)锉刀的断面形状和长度，应根据被锉削工件表面形状和大小选用。锉刀形状适应工件加工表面形状。

(2)锉刀的粗细规格选择，决定于工件材料的性质、加工余量的大小、加工的精度和表面粗糙要求的高低。

21. 如何使用锉刀？

(1)不可用锉刀锉毛坯件的硬皮、氧化皮以及淬硬的表面。

(2)锉刀应先用一面，用钝后再用另一面。

(3)锉刀不能蘸水或沾油。

(4)锉刀在使用过程中，特别是使用结束后，要用钢丝刷顺锉纹及时刷去嵌入齿槽内的铁屑。

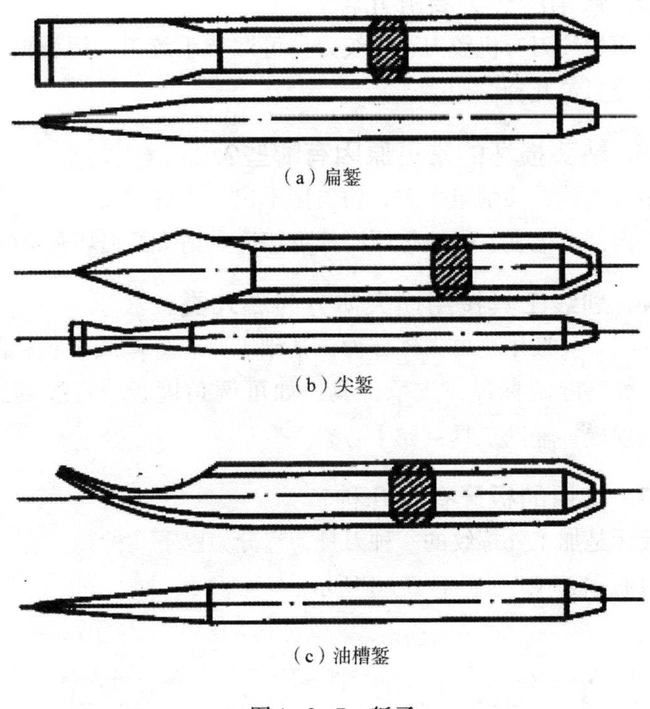

（a）扁錾

（b）尖錾

（c）油槽錾

图 1-3-7 錾子

(5)锉刀的放置要合理。

(6)锉刀舌不能当作斜铁使用，锉刀也不可当撬杠使用。

(7)使用小锉刀，不可用力过大。

22. 绞刀的用途是什么？

绞刀是对已粗加工的钻孔进行精加工的刀具，精度较高，表面光滑，尺寸准确。绞刀可加工圆柱孔和圆锥形孔。

23. 铰刀的构造有哪些？

由工作部分、颈部和柄部三个部分组成。

24. 常用的铰刀有哪几种?

常用的绞刀有机铰刀、手绞刀、可调节手绞刀、螺旋槽手绞刀和锥绞刀等几种。

25. 钻头损坏的常见原因有哪些?

钻头用钝，切削量太大，切屑排不出，工件没有夹持牢固以及工件内部有缩孔、硬块等原因都可能造成钻头的损坏和折断。

26. 划线工具按用途大体分为哪几类?

划线工具按用途可大体分为：基础工具，如画线平板；测量工具，如高度游标尺；支承工具，如可调角度板；直线划线工具，如划规；辅助工具，如中心架。

27. 常用的板牙有哪几种?

板牙是加工外螺纹的一种刀具，它分为以下几种：

(1)圆板牙，如图1-3-8所示。

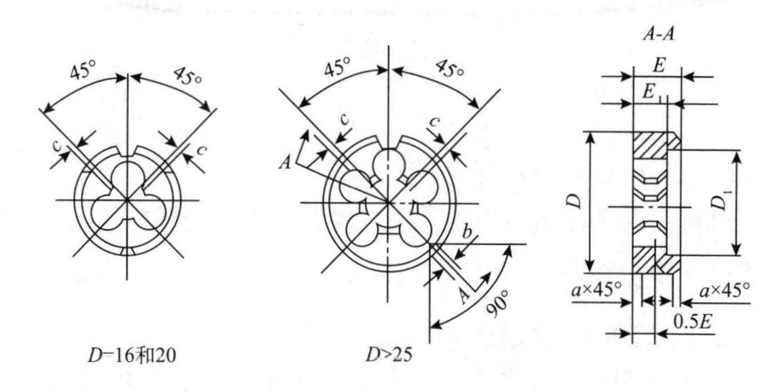

图1-3-8 圆板牙

(2)可调式板牙。由两个半块组成，相对地装在板牙架上，用螺钉来调节两块板牙间的距离。

(3)管螺纹板牙。专门用来套管子的外螺纹，由四块板牙组成，镶嵌在可调的板牙架内。

28. 圆板牙由哪几部分构成?

板牙两端的锥角部分是切削部分，板牙的中间一段是校准部分，板牙上还有排屑孔。

29. 板牙的结构有哪些特点?

M3.5 以上的圆板牙，其外圆上有 4 个紧定螺钉坑和一条 V 形槽，是将圆板牙固定在铰杠中用来传递扭矩的。板牙切削部分一端磨损后，可换另一端使用，校准部分因磨损而使螺纹尺寸变大以致超出公差范围时，可用片状砂轮板牙 V 形槽将板牙割出一条通槽，用铰杠的另两个紧定螺钉顶入圆板牙上两个偏心的锥坑内，使圆板牙的螺纹尺寸缩小。V 形槽开口处旋入螺钉后可使板直径增大。

30. 常用的千斤顶有哪几种?

(1)液压千斤顶：利用液压泵将液体压入液压缸内，推动活塞将重物顶起的。

(2)螺旋千斤顶：通过转动螺杆使重物升降的。常用的是 Q 型螺旋千斤顶。

(3)齿条千斤顶：通过手柄传动齿轮，带动齿轮上下移动而使重物升起或降落的。为了保证在顶起重物时能制动，在千斤顶的手柄上装有制动齿轮。

31. 常用撬杠的规格尺寸有哪些?

撬杠是设备安装常用的工具之一，主要用于撬起和移动设备。它一般用 45 或 50 圆钢制成。杠前端 150mm 长度内须经过热处理，硬度达到 HRC40～46。撬杠的规格尺寸见表 1-3-1。

表1-3-1 撬杠的规格尺寸

编号	直径/mm	长度/mm	质量/kg
1	20	560	1.3
2	24	1180	4
3	32	1320	8
4	24	1180	5

32. 设备运输工作中常用的绳索有哪些?

(1)麻绳:其特点是轻便,容易捆绑。但由于它的强度低,容易磨损和腐蚀,所以只适合于吊装质量小于500kg的设备。

(2)尼龙绳:当吊运表面光滑的零件、软金属制品或表面不许磨损的设备时,可使用尼龙绳。尼龙绳的特点是质地柔软,耐酸、耐腐蚀、具有弹性、可减少冲击。

(3)钢丝绳:用高强度碳钢丝捻制而成,强度高,韧性好,耐磨损,能承受较大拉力及在高速下运转平稳,没有噪声,工作可靠,是起重运输工具中常用的绳索之一。

33. 如何鉴别钢丝绳是否能继续使用?

钢丝绳在使用一段时间后,很容易磨损或受自然和化学腐蚀,并且其结构也易遭到破坏。是否可以继续使用,可根据以下几个方面进行鉴别。

(1)当钢丝绳直径磨损不超过30%时,可降低拉力使用;超过30%时,则不能继续使用。

(2)超载使用过的钢丝绳不能再继续使用;如果要使用,则需通过破断拉力试验鉴定后才能降级使用。

(3)当整根钢丝绳外表面受腐蚀的麻面用肉眼可明显看出时,则不能继续使用;

(4)各种起重机械的钢丝绳断丝后的报废标准根据表1-3-2决定。但对于吊运熔化金属、炽热材料、含酸易燃和有毒设备的钢丝绳，在一扣距内的断丝数达到表列数值的一半时，即应报废。

表1-3-2 钢丝绳报废标准

钢丝绳的最初安全系数	钢丝绳结构					
	6×19		6×37		6×61	
	在一扣距全长中拉断钢丝根数					
	交互捻	同向捻	交互捻	同向捻	交互捻	同向捻
6以下	12	6	22	11	36	18
6~7	14	7	36	13	38	19
7以上	16	8	40	15	40	20

34. 使用钢丝绳时有哪些注意事项?

(1)使用时，不能让钢丝绳产生锐角曲折，以免由于被夹、被砸而使端面形成扁平。

(2)要防止钢丝绳与设备、建筑物尖角或电线接触。

(3)穿钢丝绳的滑轮边缘不允许有破裂现象，以免损坏钢丝绳。

(4)为了防止钢丝绳生锈，应经常保持钢丝绳清洁，并定期涂抹特制无水分的保护油脂(如气缸油、钢绳油等)。

(5)使用钢丝绳时，应根据其断丝数和表面磨损程度，对其破坏力进行折减使用。

35. 常用绳夹有哪几种?

(1)绳夹又叫轧头，主要用来夹紧钢丝绳末端或将两根钢丝绳固定在一起。

(2)常用的绳夹有骑马式绳夹、U形绳夹和L形绳夹三种，其中骑马式绳夹应用最广。

(3)使用绳夹时，螺栓要拧紧，直至把钢丝绳压扁 1/3 ~ 1/4 直径时为止。绳夹要一顺排列，其 U 形部分要与绳头接触。

第二节 量具

1. 常用的量具分为哪几类?

用来检测、检验零件或机构尺寸形状和相对位置的工具叫量具。按照用途，量具分为以下三类。

(1)标准量具：仅代表某一固定尺寸，用来校对和调整其他量具或作为标准尺寸来与被测零件进行比较的量具叫标准量具，如量块、角度块、标准环等。

(2)专用量具：专门用来测量或检验零件上某些部位的尺寸和形状的工具叫专用量具，如各种量规、样板等。专用量具不能测出被测零件的实际尺寸，只能确定被测零件的尺寸和形状是否合乎要求。

(3)万能量具：用来测量和检验任何零件或机构的尺寸与形状的通用工具叫万能量具。这种量具，一般都有刻度，测量结果能得到具体的数值，如钢直尺、游标卡尺、千分尺、百分表等。

2. 常用游标量具有哪几种?

根据用途的不同，安装常用游标量具有游标卡尺、深度游标卡尺、高度游标卡尺和齿厚游标卡尺等，都是利用游标原理进行读数的。

3. 游标量具有哪些优缺点?

(1)优点：结构简单、使用方便、测量范围大，用途广泛。

(2)缺点：只能测量孔口、槽边等尺寸，测量部位受到限制；由于结构方面的原因，测量的精度不够高，属于中等精度的万能量具，只能用于一般精度的测量工作。

4. 游标卡尺按测量精度可分为哪几类？

有 1/10mm（0.1mm）、1/20mm（0.05mm）和 1/50mm（0.02mm）三种。

5. 游标卡尺的读数原理是什么？

(1)测量时，被测工件的尺寸是根据副尺与主尺刻度的相对位置读得的。与副尺零线相对应的主尺上的位置，可决定被测工件尺寸的整数部分；小数部分则由副尺上的刻度决定。

(2)以分度值 $i=0.1$mm、放大系数 $r=1$ 的游标卡尺为例(图1-3-9)，主尺刻度为1mm一格，副尺刻度为0.9mm一格，主尺与副尺每格的差为1mm－0.9mm，即0.1mm(此差值代表卡尺的精度，也就是卡尺的分度值 i)。当副尺的零线和主尺的零线对齐时，卡角开度就是0.2mm，以此类推。当副尺零线与主尺上的1mm的刻度线对齐时，测量卡脚间的距离就是1mm。由此可见，只要找出副尺上的某一刻度线与主尺上某一刻度线相对齐，就可读出所测量尺寸的小数部分。

6. 游标卡尺如何读数？

(1)第一步：查出副尺零线在主尺上错过几小格，读出整数。

(2)第二步：查出副尺上哪一格刻度线与主尺上的某一刻度线相对齐，读出小数。

(3)第三步：将主尺上的整数和副尺上的小数相加即可读出被测量的工件尺寸。

(4)工件尺寸＝主尺格数＋副尺格数×卡尺精度。

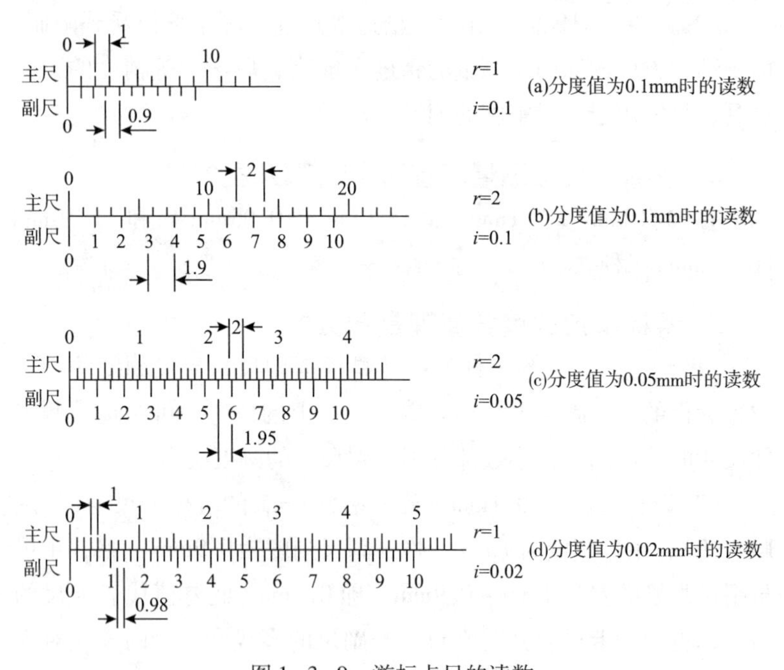

图 1-3-9 游标卡尺的读数

7. 如何使用深度游标卡尺?

使用深度游标卡尺测量时，将卡尺紧贴工件表面，再将主尺插到底部，然后即可从游标卡尺上读出测量尺寸，或者先旋紧紧固螺钉，取出后再读尺寸。

8. 如何使用高度游标卡尺?

(1)高度游标卡尺常用来在平台上测量工件的高度或进行划线。

(2)其测量范围有 0 ~ 200mm、0 ~ 300mm、0 ~ 500mm、0 ~ 1000mm 四种，其游标分度值有 0.1mm、0.05mm、0.02mm 三种。

(3)使用高度游标卡尺进行测量时，一定要将平台和卡尺底座的下平面清理干净，使底座与平面完全贴合，这样才能量到准确的尺寸。

9. 万能游标量角器如何读数?

其读数方法与游标卡尺相似，先从尺身上读出游标零线前的整度数，再从游标上读出“′”的数值，两者相加即可得被测的角度值。

10. 千分尺的刻线原理是什么?

千分尺螺杆右端螺纹的螺距为0.5mm。当活动套转一周时，螺杆就移动0.5mm。活动套管圆锥面上共刻50格，因此当活动套管转一格，螺杆就移动0.01mm，即0.5mm÷50=0.01mm，固定套管上刻有主尺刻线，每格0.5mm。

11. 千分尺如何读数?

(1)读出活动套管边缘在固定套管主尺的毫米数和半毫米数。

(2)活动套管上哪一格与固定套管上基准线对齐，并读出不足半毫米的数。

(3)把两个读数加起来为测得的实际尺寸。

12. 如何正确使用外径千分尺?

(1)使用外径千分尺前，应先将校对量杆置于测砧和测微螺杆之间，检查固定套管中心线与微分筒的零线是否重合，如不重合，应进行调整。

(2)测量时，当两测量面接触工件后，测力装置棘轮空转，发出“扎扎”声时，方可读出尺寸。如果由于条件限制，不能在测量工件时读出尺寸，可以旋紧止动环，然后取下千分尺读出尺寸。

(3)使用时，不得强行转动微分筒，要尽量使用测力装置；切忌把千分尺先固定好再用力向工件上卡，这样会损伤测量表面或弄弯测微螺杆。千分尺用完后，要擦净放入盒内，并定期检查校验，以保证精度。

13. 外径千分尺的使用有哪些注意事项？

(1)要注意温度变化对千分尺精度的影响，测量时，一般用手握住隔热装置，如果用手直接握住尺架，就会因千分尺和工件温度不一增加测量误差。

(2)不要在工件转动时进行测量，否则易使测量面磨损，测杆弯曲，甚至折断。

(3)测量时，千分尺测量轴的中心线要与工件被测长度方向相一致，不要歪斜。

(4)按被测尺寸调节外径千分尺时，要慢慢转动微分筒或测力装置，不要握住微分筒挥动或转动尺架，以防测微螺杆变形。

14. 常用的内径千分尺分为哪两种？

(1)常用的内径千分尺分为普通式和杠杆式两种。

(2)普通式内径千分尺用于测量小孔，刻线方向与外径千分尺和杠杆式千分尺相反，当微分筒顺时针旋转时，微分筒连同左面的卡脚一起向左移动，测距越来越大。

(3)杠杆式内径千分尺用于测量较大的孔径。由两部分组成，一是尺头部分，二是加长杆。其分格原理和螺杆螺距与外径千分尺相同。螺杆的最大行程是13mm。为了增加测量范围，可在尺头上旋入加长杆。成套的内径千分尺，加长杆可测量1500mm甚至更大的尺寸。

15. 内径千分尺的使用有哪些注意事项？

(1)使用前首先要进行检验，可用外径千分尺测量，看其测得的数字是否与内径千分尺的标准尺寸相符合；如不符合，应松开紧固螺母，进行调整。

(2)成组的内径千分尺都配有一个标准卡规，用以调整和校

验尺头部分的零位。

(3)用加长杆时，接头必须旋紧，否则将影响测量的准确度。

(4)测量时，一只手扶住固定端，另一只手旋转微分筒，并作上下左右摆动，这样才能得到比较准确的尺寸。

16. 塞尺的作用是什么？常用的塞尺哪几种规格？

(1)塞尺又叫间隙片、千分片，用来测量结合面的间隙。

(2)常用塞尺按长度分，有100mm、150mm、200mm和300mm等几种。按厚度范围分，0.02～0.1mm，中间每片相隔0.01mm，0.1～1mm，中间每片间隔0.05mm。

17. 塞尺的使用有哪些注意事项？

使用塞尺时，将测量处擦干净，用单片或者数片重叠在一起(一般不超过3片)塞入间隙，以不松不紧，拉动时有一定的阻力为合适。由于塞尺的钢片薄，如用力过大，容易折损变形，故使用时要小心操作，用后擦净上油，折合到夹框内。

18. 什么是塞规？如何使用？

塞规适用于测量零件的孔、槽等内部尺寸的一种工具。

塞规的两端做成两个圆柱体，长圆柱体的一端为通端测头，其直径等于被检验孔的最小极限尺寸；短圆柱体的一端为止端测头，其直径等于被检验孔的最大极限尺寸；检验时，若通端测头能通过，而止端测头不能通过则零件合格。

19. 90°角尺的用途是什么？

90°角尺又叫直角尺、弯尺或靠尺，是用来测量工件上的直角或在设备安装、装配中检查零件间相互垂直情况的工具，也可以用来划线。

20. 如何选用90°角尺？

90°角尺分为00、0、1、2四个精度等级。选用90°角尺时，一方面要根据被测零件的形状和位置公差等级，同时还应考虑以下几点：

(1)00 级的 90°角尺一般作为基准，在计量部门作检验量具用；

(2)0 级和 1 级的 90°角尺一般用于检验精密零件或调试仪器。

(3)宽座角尺一般用于生产现场检验普通零件。

(4)当被检面为圆弧面时，应选用平测量面的 90°直尺进行检验。

(5)当被检测面为平面时，应选用圆柱角尺或刀口测量面的 90°角尺进行检验。

21. 如何使用 90°角尺进行测量?

(1)90°角尺由长边和短边构成，长边的左右面和短边的上下面为测量面。测量时，将 90°角尺的一个测量面靠在工件的基准面上，另一个测量面慢慢靠向工件的被测表面，根据透光间隙的大小，来判断工件两邻面间的垂直情况。如果想知道误差的具体数值，可用塞尺测量后，采取计算的方法求出角度的大小。

(2)测量前，要首先去掉工件上的毛刺。测量时，要把平板和 90°角尺擦干净，细心操作，不得发生 90°角尺的尖端、边缘和工件表面互相磕碰的现象。扳动 90°角尺时，应一手托短边，一手托长边，任何时候都不准只提长边，并且不准倒放。

22. 常规百分表的使用有哪些注意事项?

(1)使用前，首先要检查百分表的检定合格证是否在有效期内，然后用清洁的纱布将测量头和测量杆擦干净。

(2)测量时，应轻轻提起测量杆，把工件移至测量头下面，缓慢下降测量头，使之与工件接触，不准把工件强行推移至测量头下，也不准急剧下降测量头，以免产生瞬时冲击测力，给测量带来误差。

(3)测量杆与被测工件表面必须垂直，否则将产生较大的测量误差。

(4)测量圆柱形工件时，测量杆轴线应与圆柱形工件直径方向一致。

23. 杠杆百分表的使用有哪些注意事项？

(1)测量前应用食指触及测量头，使指针缓慢转过约 1/3 表盘值，然后轻轻脱离，这样反复 2~3 次，指针的位置应无变化，以检测百分表的灵敏度和稳定程度。

(2)夹持百分表的表架要有足够的刚度，悬臂伸出的长度尽量缩短，如需调整表的测量位置，应先松开装夹表的紧固螺钉，再转动表体。

(3)对零位时，先使测头与被测工件表面接触，再转动表盘使零线对准指针。

(4)杠杆百分表的测量范围比钟面式百分表小，测量力也小，必须仔细使用，以防止损坏。

24. 如何使用内径百分表？

(1)内径百分表用来测量圆柱孔，附有成套的可调测量头，使用前必须先进行组合和校对零位，如图 1-3-10(a)所示。

(2)组合时，将百分表装入连杆内，使小指针指在 0 ~ 1 的位置上，长针和连杆轴线重合，刻度盘上的字应垂直向下，以便于测量时观察，装好后应予紧固。

(3)测量前应根据被测孔径大小用外径百分尺调整好尺寸后才能使用，如图 1-3-10(b)所示。在调整尺寸时，正确选用可换

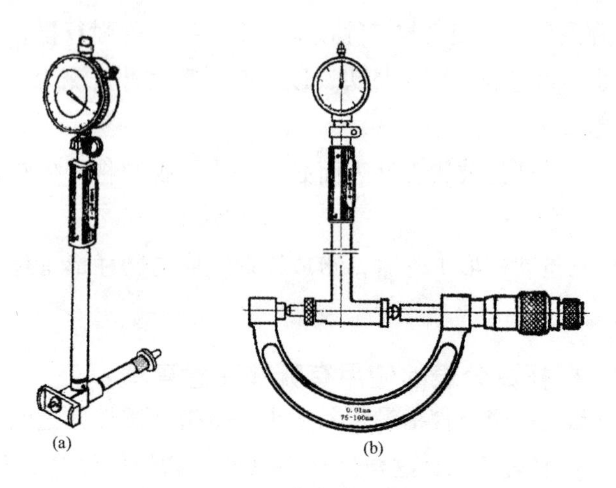

图 1-3-10　内径百分表(一)

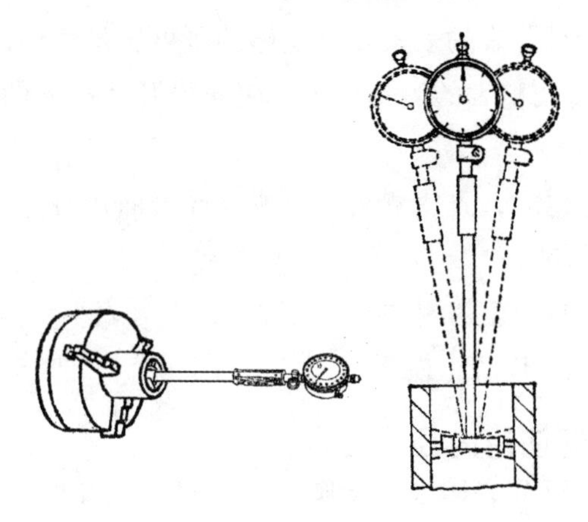

图 1-3-11　内径百分表(二)

测头的长度及其伸出距离，应使被测尺寸在活动测头总移动量的中间位置。

(4)测量时，连杆中心线应与工件中心线平行，不得歪斜，同时应在圆周上多测几个点，找出孔径的实际尺寸，看是否在公差范围以内，如图 1-3-11 所示。

25. 水平仪的作用是什么？常用的水平仪有哪些？

(1)水平仪是测量角度变化的一种常用量具，主要用于测量机件相互位置的水平位置和设备安装时的平面度、直线度和垂直度，也可测量零件的微小倾角。

(2)常用的水平仪有条式水平仪、框式水平仪和数字式光学合象水平仪等。

26. 常见水平仪的规格有哪些？

常见水平仪的规格如表1-3-3所示。

表1-3-3 水平仪规格型号

<table>
<tr><th rowspan="2">品种</th><th colspan="3">外形尺寸/mm</th><th colspan="2">分度值</th></tr>
<tr><th>长</th><th>宽</th><th>高</th><th>组别</th><th>mm/m</th></tr>
<tr><td rowspan="5">框式</td><td>100</td><td>25~35</td><td>100</td><td rowspan="3">Ⅰ</td><td rowspan="3">0.02</td></tr>
<tr><td>150</td><td>30~40</td><td>150</td></tr>
<tr><td>200</td><td>35~40</td><td>200</td></tr>
<tr><td>250</td><td rowspan="2">40~50</td><td>250</td><td rowspan="4">Ⅱ</td><td rowspan="4">0.03~0.05</td></tr>
<tr><td>300</td><td>300</td></tr>
<tr><td rowspan="5">条式</td><td>100</td><td>30~35</td><td>35~40</td></tr>
<tr><td>150</td><td>35~40</td><td>35~45</td></tr>
<tr><td>200</td><td rowspan="3">40~45</td><td rowspan="3">40~50</td><td rowspan="3">Ⅲ</td><td rowspan="3">0.06~0.15</td></tr>
<tr><td>250</td></tr>
<tr><td>300</td></tr>
</table>

27. 水平仪上的分度值表示什么意思？

如分度值0.02mm/m，即表示气泡移动1格时，被测量长度为1m的两端上，高低相差0.02mm。

28. 水平仪的读数方法有哪两种?

水平仪的读数方法有直接读数法和平均读数法两种：

(1)直接读数法：以气泡两端的长刻线作为零线，气泡相对零线移动格数作为读数，这种读数方法最为常用。图1-3-12(a)表示水平仪处于水平位置，气泡两端位于长线上，读数为“0”；图1-3-12(b)表示水平仪逆时针方向倾斜，气泡向右移动，图示位置读数为“+2”；图1-3-12(c)表示水平仪顺时针方向倾斜，气泡向左移动，图示位置读数为“-3”。

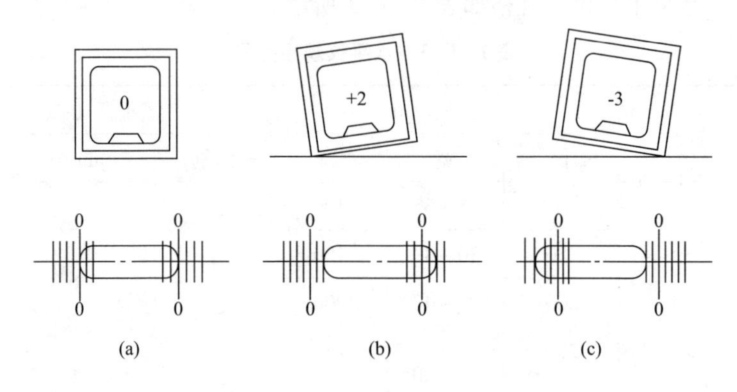

图1-3-12　水平仪直接读数法

(2)平均读数法：是分别从两条长刻线起，向气泡移动方向读至气泡端点止，然后取这两个读数的平均值作为这次测量的读数值。如图1-3-13(a)所示，由于环境温度较高，气泡变长，测量位置使气泡左移。读数时，从左边长刻线起，向左读数“-3”；从右边长刻线起，向左读数“-2”。取这两个读数的平均值，作为这次测量的读数值“-2.5”。如图1-3-13(b)所示，由于环境温度较低，气泡缩短，测量位置使气泡右移，按上述读数方法，读数分别为“+2”和“+1”，则测量的读数值是“+1.5”。

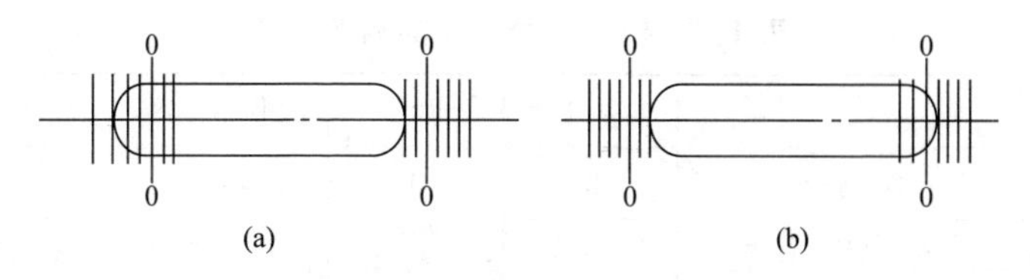

图 1-3-13　水平仪平均读数法

29. 水平仪使用前如何检验仪器的误差？

水平仪由于加工制造上的原因，或由于长期使用，有时会产生误差，使气泡指示的水平不准确。因此在使用水平仪时，事先要了解仪器的读数精度，并对水平仪进行检验，消除其本身误差。检验水平仪误差时，应把水平仪放在精密的平台上，就可以看出水平仪的误差数值。如在平台上气泡向左偏一格，然后放在被测平面上，同样也向左偏一格，这说明被测面是平的。

30. 如何使用水平仪？

找水平时，可在被测量面上旋转 180°，再测量 1 次，利用两次读数的结果进行计算而得出测量的数据，见表 1-3-4。具体方法如下：

(1) 例 2 中，在测量时，水平仪第一次读数是零，在原来位置转 180°测量时，气泡向一个方向移动，这说明水平仪和被测面都有误差，而两者的误差相同。较高一面的读数的 1/2。

(2) 例 3 中，在测量时，两次气泡各往一边移动(方向相反)，这时被测面较高的一端为两次格数差除以 2，水平仪本身误差是两次格数之和除以 2。

(3) 例 4 中，在测量时，两次气泡向同一个方向移动。这时被测量面较高的一端为两次偏差数之和除以 2，而水平仪误差为两次格数之差除以 2。

表 1-3-4 使用水平仪的测量过程

		例 1	例 2	例 3	例 4
第一次测量		0	0	x_1	x_1
第二次测量转 180°后		0	x_2	x_2	x_2
计算式	a—被测表面水平偏差 b—水平仪误差	$a=b=0$	$b=\frac{1}{2}x_2$ $a=b$	$a=\frac{x_1-x_2}{2}$ $b=\frac{x_1+x_2}{2}$	$a=\frac{x_1+x_2}{2}$ $b=\frac{x_1-x_2}{2}$

31. 水平仪的使用有哪些注意事项？

(1)测量前，被测量表面与水平仪工作面必须擦干净，以防测量不准确或擦伤工作面。

(2)水平仪在操作时，必须手握护木，不要用手触摸气泡玻璃管和对气泡呼吸。

(3)水平仪要轻拿轻放不得碰撞，不许在床面上推来推去。在打入垫铁和撬动设备时，必须将水平仪拿起。检查设备立面的铅垂性时，应用力均匀地紧靠在设备立面上。

(4)看水平时，实现要垂直对准气泡玻璃管，否则读数不准确。水平仪从低温处拿到高温处时，不能立即使用，也不能在强烈灯光或日光照射下使用。

(5)水平仪用完后，要用净白布擦干净，并薄薄地涂上一层机油，放入盒内妥善保存。

32. 合像水平仪的工作原理是什么？

合像水平仪的水准器安装在杠杆架上特制的底板内，水准器内气泡的两端圆弧，通过棱镜反射至目镜上，形成左右两半合像。当水准器不在水平位置时，两半气泡圆弧端有差值而不重合，在水平位置时，两半气泡重合。

合像水平仪在机械的装配、修理中，常用来校正基准件的安装水平，测量各种机床或各类设备导轨基准平面的直线度和平面度，以及零部件相对位置的平行度和垂直度误差等。

33. 水准仪有什么用途？水准仪有哪几种类型？

(1)在机械设备安装中，水准仪用于测量设备基础、垫铁、吊车轨道等的标高，如图1-3-14所示。

(2)水准仪按结构分为微倾水准仪、自动安平水准仪、激光水准仪和数字水准仪(又称电子水准仪)。按精度分为精密水准仪和普通水准仪。

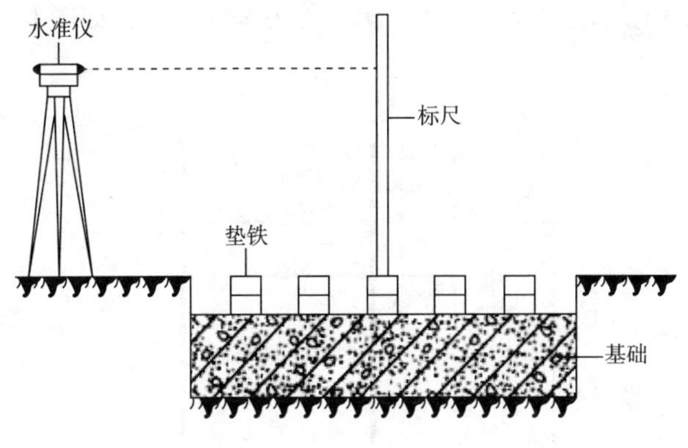

图1-3-14 水准仪的使用

34. 经纬仪有哪些特点？

经纬仪是一种高精度的光学测角仪器，在机械装配和修理中，主要测量精密机床的水平转台和万能转台的分度精度。经纬仪的光学原理与测微准直望远镜没有本质的区别。它的特点是具有竖轴和横轴，可使瞄准望远镜管在水平方向作360°的方位转动，也可在垂直面内作大角度的俯仰。其水平面和垂直面的转角大小可分别由水平盘和直度盘示出，并由测微尺细分，测角精度为2″。

第四章 公差、配合

1. 什么是基本尺寸？

（1）又叫公称尺寸、名义尺寸，是图纸上由设计给定的尺寸，它也是确定偏差的起始尺寸，所以称为基本尺寸，如图1-4-1所示中的$\phi50$。

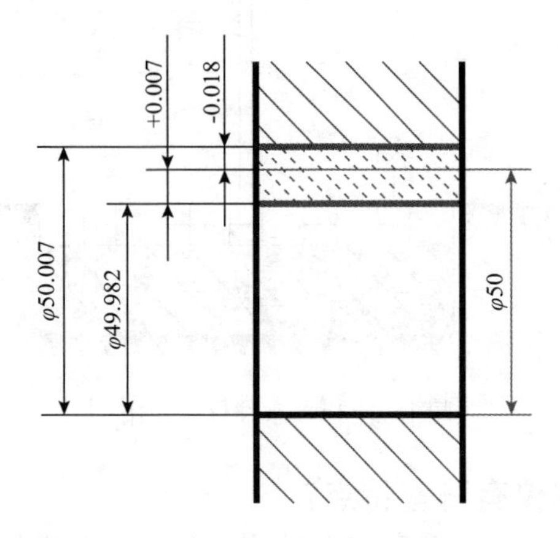

图1-4-1 基本尺寸

（2）零件上各部分的基本尺寸大小是根据机器的结构形状、强度和刚度的要求及工艺等因素而确定的。

（3）基本尺寸在图纸应直接标注在零件的相应部位尺寸线处，作为确定极限尺寸和尺寸偏差的依据。

2. 什么是实际尺寸？

通过测量加工好的零件所得到的尺寸叫做实际尺寸。生产中都是以实际尺寸作为评定尺寸精度的依据。为确定零件质量，对不同精度尺寸要求，就必须选定适当精度的量仪来进行检测。

3. 什么是极限尺寸？

允许实际尺寸变化的两个界限值，叫做极限尺寸。这两个极限值中数值较大的一个称为最大极限尺寸；数值较小的一个称为最小极限尺寸。极限尺寸是以基本尺寸为基数来确定的，图1-4-1所示的各尺寸分别为：基本尺寸：ϕ50；最大极限尺寸：ϕ50.007；最小极限尺寸：ϕ49.982。

4. 什么是尺寸偏差？

某一尺寸减其基本尺寸所得的代数差，叫尺寸偏差，简称偏差。它包括极限偏差和实际偏差。

5. 什么是极限偏差？

由极限尺寸减其基本尺寸所得的代数差，称为极限偏差。其中最大极限尺寸减其基本尺寸所得的代数差，称为上偏差；最小极限尺寸减其基本尺寸所得的代数差，称为下偏差。

上偏差 = 最大极限尺寸-基本尺寸

下偏差 = 最小极限尺寸-基本尺寸

6. 什么是实际偏差？

零件的实际尺寸减其基本尺寸所得的代数差。称为实际偏差。因为尺寸偏差是代数差，所以实际偏差可以是正值，也可以是负值或零。

7. 在图纸上怎样标注极限偏差？

在图纸上标注偏差的形式：基本尺寸$^{上偏差}_{下偏差}$。上偏差的数值写在基本尺寸数值的右上角，下偏差的数值写在基本尺寸数值的右下角(与基本尺寸平齐)。偏差为正值时，在偏差数值前加“+”号，偏差数值为负值时，在偏差数值前加“-”号；偏差数值为零时，则不标出。

8. 极限尺寸在图纸上的标注方法有哪几种？

(1)上、下偏差都是正值，如：$\phi 50^{+0.042}_{+0.017}$，表示最大与最小极限尺寸都大于基本尺寸。

(2)上、下尺寸都是负值，如：$\phi 50^{+0.025}_{+0.050}$，表示最大与最小极限尺寸都小于基本尺寸。

(3)上偏差为正值，下偏差为零，如：$\phi 50^{+0.025}_{0}$表示最大极限尺寸大于基本尺寸，最小极限尺寸等于基本尺寸。

(4)上偏差为零，下偏差为负值，如：$\phi 50^{0}_{+0.025}$表示最大极限尺寸等于基本尺寸，最小极限尺寸小于基本尺寸。

(5)上偏差为正值，下偏差为负值，如$\phi 50 \pm 0.025$表示最大极限尺寸大于基本尺寸，最小极限尺寸小于基本尺寸。

(6)在零件加工中，需要根据图纸给出的极限偏差，求出相应的极限尺寸时，可按下式计算：

最大极限尺寸＝基本尺寸＋上偏差

最小极限尺寸＝基本尺寸＋下偏差

9. 公差与偏差有什么根本区别？

(1)公差与偏差是两个完全不同的概念。偏差是相对基本尺寸而言，是指对基本尺寸偏离的大小数值。它包括实际偏差和极限偏差。

(2)极限偏差(即上、下偏差)是用以限制实际偏差的，表示公差带的位置，即零件配合的松紧程度。偏差可以是正值、负值或零。

(3)公差是表示限制尺寸变动范围的数值大小，即表示公差带的大小，反映零件的配合精度。因此，公差只能是正值，而且不能为零。公差与配合如图 1-4-2 所示。

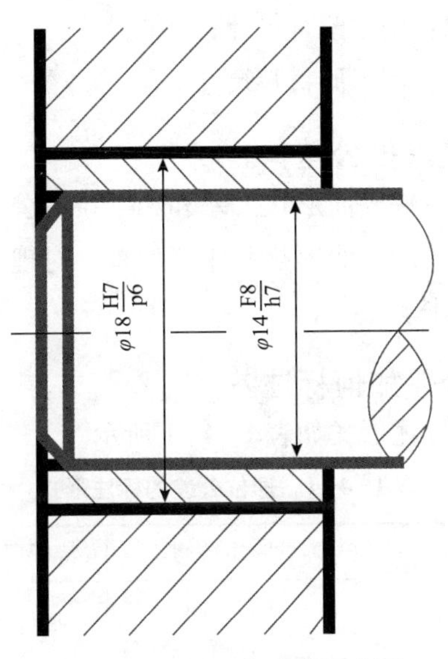

图 1-4-2 公差与配合示意图

10. 什么是公差等级？分为多少级别？

(1)确定尺寸精度程度的等级，叫做公差等级。它表示零件制造的精确程度。

(2)国家标准规定标准公差分成 20 级，用拉丁字母“IT”表示。各种不同等级的标准公差，则是用 IT 与阿拉伯数字表示。从 IT01，IT0，IT1 至 IT18，精度等级依次降低，公差则依次增大，01 级精度最高，18 级精度最低。

(3)各个等级标准公差的应用范围没有严格的划分，一般应用范围如下：

①IT01 ~ IT1：主要用于块规；

②IT1～IT4：主要用于量规；

③IT5～IT7：用于检验低精密工种的量规；

④IT2～IT5：用于特别精密零件的配合；

⑤IT5～IT12：用于配合尺寸；

⑥IT8～IT14：用于原材料尺寸。

11. 什么是形位公差？

形位公差是零件表面形状公差和相互位置公差的统称，是指加工成的零件的实际表面形状和相互位置，对理想形状与理想位置的允许变化范围。

12. 形位公差如何标注？

形位公差的标注形式如表1-4-1所示。

表1-4-1 形位公差的标注形式

分类		特征项目	符号
形状公差		直线度	—
		平面度	⏥
		圆度	○
		圆柱度	⌭
		线轮廓度	⌒
		面轮廓度	⌓
位置公差	定向	平行度	//
		垂直度	⊥
		倾斜度	∠
	定位	同轴度	◎
		对称度	⌯
		位置度	⊕
	跳动	圆跳动	↗
		全跳动	⌰

13. 形位公差的框格式标注包括什么？

公差框格、指引线、基准代号。

14. 形位公差基准标注是由哪些要素组成？

基准符号、圆圈、连线、字母。

15. 什么是基孔制和基轴制？

(1)将孔的基本尺寸定为孔径的最小极限尺寸，变更轴径的大小，以获得各种不同的配合性质，称为基孔制。在基孔制中，孔称为基准孔或基准件。基孔制的公差带位置总在零线上面，其上偏差即为基准孔的公差，下偏差为零。

(2)将轴的基本尺寸定为轴径的最大极限尺寸，变更孔径的大小，以获得各种不同的配合性质，称为基轴制。在基轴制中，轴称为基准轴或基准件。

基轴制的公差带位置固定在零线下面，其上偏差为零，下偏差等于基准轴的公差，但为负值。

16. 为什么要优先选用基孔制？

孔比轴加工要困难，加工孔所用的刀具尺寸和量具规格也比加工轴要多，而且在基孔制中，孔的公差带位置只有一种基准件，加工方便，比较经济合理。所以，国家标准规定，应优先采用基孔制。

17. 在什么情况下选用基轴制？

(1)当轴用冷拔棒料而又不需要机械加工时，采用基轴制比较合理。如果在同一基本尺寸的轴上有几种不同性质的配合时，就必须采用基轴制。

(2)当用标准件时，基准制应按标准件来确定，例如滚动轴承是标准件，与轴承外径相配合的轴承座孔就应当采用基轴制，与轴承内径相配合的轴则应采用基孔制。

18. 按孔与轴公差带之间的相对关系，有哪几种配合？

按孔与轴公差带之间的相对关系，配合可分为间隙配合、过渡配合和过盈配合三种。

19. 什么是间隙配合、过盈配合、过渡配合？

(1)具有间隙(包括最小间隙等于零)的配合称为间隙配合；

(2)具有过盈(包括最小过盈等于零)的配合称为过盈配合；

(3)可能具有间隙或过盈的配合称为过渡配合。

20. 什么是表面粗糙度？

所谓表面粗糙度，是指加工表面具有较小间距和微小峰谷所组成的微观几何形状特性。其两波峰或两波谷之间的距离(波距)很小(在1mm以下)，它属于微观几何形状误差。表面粗糙度越小，则表面越光滑，各类粗糙度的表示方法及其含义如表1-4-2所示。

表1-4-2 各类粗糙度的表示方法及其含义

符号	意义及说明
√	基本符号，表示表面可用任何方法获得。当不加注粗糙度参数值或有关说明(例如：表面处理、局部热处理状况等)时，仅适用于简化代号标注
√（加一短划）	基本符号加一短划，表示表面是用去除材料的方法获得。例如：车、铣、钻、磨、剪切、抛光、腐蚀、电火花加工、气割等
√（加一小圆）	基本符号加一小圆，表示表面是用不去除材料的方法获得。例如：铸、锻、冲压变形、热轧、冷轧、粉末冶金等。 或者是用于保持原供应状况的表面(包括保持上道工序的状况)

续表

符　号	意义及说明
[illegible]	在上述三个符号的长边上均可加一横线、用于标注有关参数和说明
[illegible]	在上述三个符号上均可加一小圆，表示所有表面具有相同的表面粗糙度要求

21. 什么是装配尺寸链？

把影响某一装配精度的有关尺寸彼此顺序地连接起来，可构成一个封闭外形，所谓装配尺寸链，就是指这些相互关联尺寸的总称。

22. 尺寸链的计算方法有哪几种？

尺寸链的计算方法有两种：一种称为极值法，又称极大极小法；另一种方法是统计法，又称概率法。

23. 装配尺寸链的解法有哪几种？

(1)完全互换法解尺寸链。

(2)分组选择装配方法解尺寸链。

(3)修配法解尺寸链。

(4)调整法解尺寸链。

24. 测量孔的圆度应注意什么？

测量孔的圆度，应在孔的同一径向截面内的几个不同方向上测量。

第二篇　基本技能

第一章 基本操作

第一节 划线

1. 什么是划线？

根据图样或实物的尺寸，准确地在毛坯或工件已加工表面上划出加工界线，这种操作称为划线。

2. 划线可分为哪些种类？

划线可以分为平面划线和立体划线两种。

3. 什么是平面划线？

只需在工件的一个表面划线后即能明确表示加工界线的称为平面划线。

4. 什么是立体划线？

要求同时在工件上几个互成不同角度（通常是相互垂直）的表面上都划线才能明确表示加工界线的称为立体划线。

5. 划线的目的是什么？

(1) 确定工件的加工余量，使加工有明显的尺寸界限。

(2) 为便于复杂工件在机床上的装夹，可按划线找正定位。

(3) 能及时发现和处理不合格的毛坯。

(4) 当毛坯误差不大时，可通过借料划线的方法进行补救，提高毛坯的合格率。

6. 什么是设计基准？

在零件图上用来确定其他点、线、面位置的基准称为设计基准。

7. 什么是划线基准？

在工件上划线时所选用的，用来确定工件上各部分尺寸、几何形状和相对位置的点、线、面称为划线基准。

8. 常用划线基准有哪些类型？

(1)以两个互相垂直的平面(或线)为基准，见图2-1-1(a)。

(2)以两条中心线为基准，见图2-1-1(b)。

(3)以一条直线和一条中心线为基准，见图2-1-1(c)。

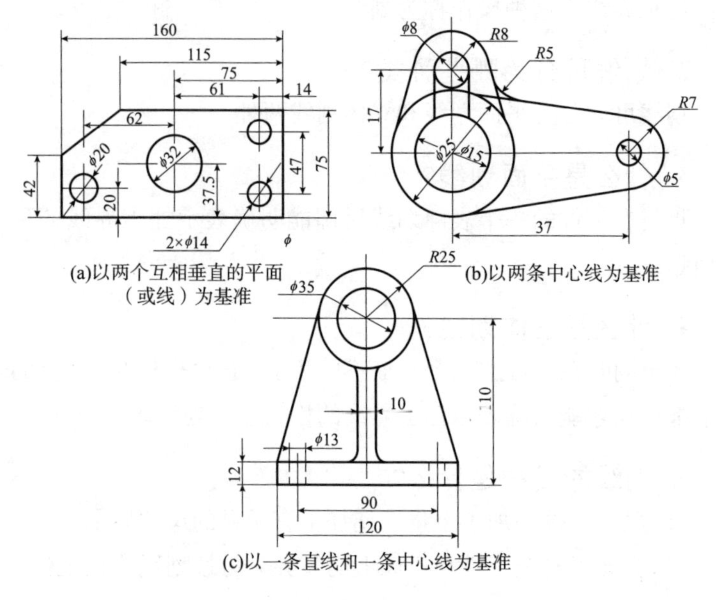

(a)以两个互相垂直的平面（或线）为基准

(b)以两条中心线为基准

(c)以一条直线和一条中心线为基准

图2-1-1　常用划线基准类型

9. 如何正确选择划线基准？

(1)划线基准应与设计基准一致，并且划线时必须先从基准线开始。

(2)若工件上有已加工表面，则应以已加工表面为划线基准。

(3)若工件为毛坯，则应选重要孔的中心线为划线基准。

(4)毛坯上无重要孔，则应选较平整的大平面为划线基准。

10. 为什么划线基准应尽量与设计基准一致？

划线基准与设计基准一致，能在划线时直接量取尺寸，简化换算手续，提高划线质量和效率。

11. 平面划线和立体划线各要选择几个划线基准？

(1)平面划线时一般要选择两个划线基准。

(2)立体划线时一般要选择三个划线基准。

12. 划线工作的全过程包括哪些主要步骤？

(1)看清图纸，详细了解工件上需要划线的部位，明确工件及其划线的有关部分的作用和要求，了解有关的加工工艺。

(2)选定划线基准。

(3)初步检查毛坯的误差情况。

(4)正确安放工件和选用工具。

(5)划线。

(6)详细检查划线的准确性以及是否有线条漏划。

(7)在线条上冲眼。

13. 如何划直线？

可先在工件表面划出直线的两端点，再用钢尺及划针连接两点。也可将工件放在平台上将直线两端点调整到同高，用划针盘划出。

14. 如何用钢尺、角尺、划规划水平线、垂直线及平行线？

用组合角尺靠住工件基准面，用划针划出水平线和垂直线。移动直角尺，即可划出平行线。没有基准面的工件，先划一条基准线，用钢尺配合角尺划出水平线和垂直线，如图2-1-2所示。

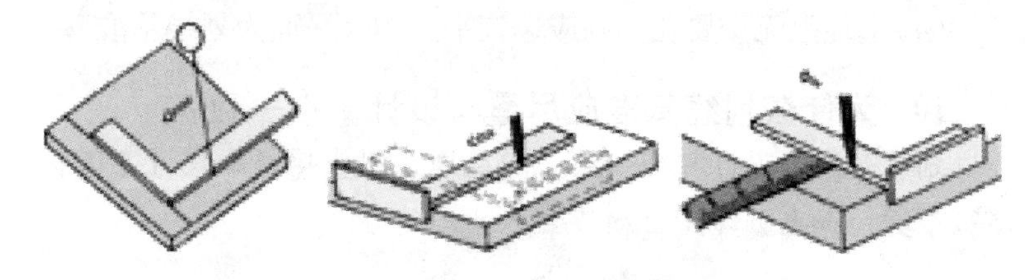

图2-1-2 划平行线、垂直线

15. 如何用划针盘划水平线、垂直线？

(1)划水平线时，将划针盘调整到基准高度，加上图纸尺寸(在高度尺上量取)，用划针对工件按顺序在工件上划出水平线。

(2)划垂直线时，将方箱倒转90°，按水平线划法划线；若工件未夹在方箱上，可倒转工件，用角尺校正后，再进行划线。

16. 如何划斜线？

划角度线时，可用万能方箱进行。也可用分度规检查方箱角度，用划针盘通过角顶划线。如斜线两端有尺寸注记，可先划出两端点，再连成一线，或用几何作图法划出。

17. 如何用划规求圆心？

将划规打开约为半径，在轴线上划四条圆弧，其中心点，即为所求圆心，如图2-1-3所示。

18. 如何用划针盘与三角铁配合求圆心？

(1)将工件放在“V”形槽上，再将划针盘的划针调整到大约

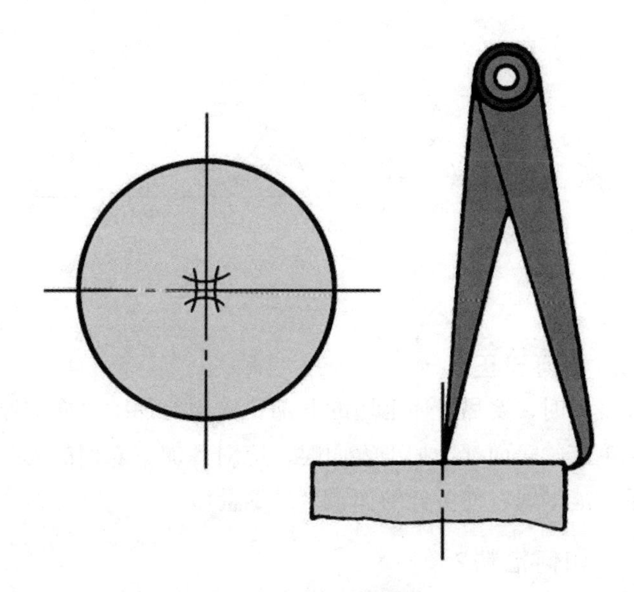

图 2-1-3 求圆心

中心高度，划一短线。

(2)将工件转 180°，用同样高度再划一短线，重合即可，不重合则调整划针于两短线中间高度划线，如此反复，直至重合为止。

(3)将工件转 90°(用直角尺检查)，以同一高度划线，两线交点即为圆心。

19. 如何划与角边相切的圆弧?

圆弧与锐角、直角、钝角边相切时，应以圆弧半径为距离，划出平行线，两平行线的交点即是圆心，再用半径划出圆弧。

20. 如何划圆弧相切?

将相切圆弧的半径相加，求出圆心，然后按半径划圆弧，如图 2-1-4 所示。

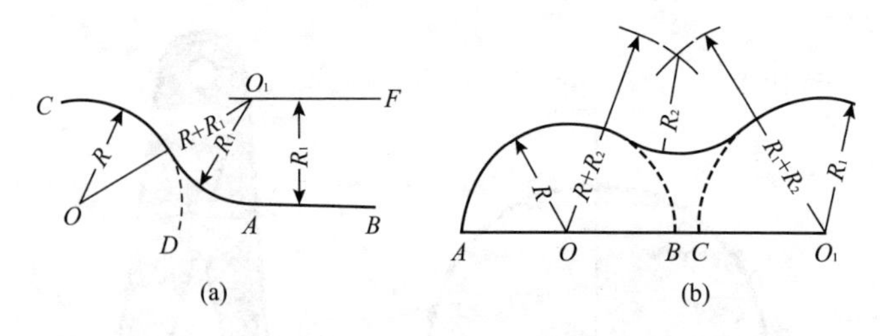

图2-1-4 圆弧相切

21. 如何找正？

在找正时，要尽量使毛坯的非加工表面与加工表面的厚度均匀；当毛坯的表面都为加工表面时，应对各加工表面的自身位置找正后才能划线，使各处的加工余量尽量均匀。

22. 如何借料？

借料就是通过试划和调整，使各个加工面的加工余量合理分配，互相借用，从而保证各个加工面都有足够的加工余量，可在加工后排除铸、锻件原来存在的误差和缺陷。

23. 如何冲眼？

(1)要使样冲尖对准线条的正中，这样冲眼不偏离所划的线条。

(2)一般在直线段上的冲眼距离可大些，在曲线段上的距离要小些，而在线段交叉转折处则必须要冲眼。

(3)薄壁零件冲眼要浅些，较光滑的表面冲眼也要浅些，甚至不冲眼，而粗糙的表面冲眼要深些。

第二节 锯削

1. 如何正确选用锯条?

根据所锯材料的薄厚软硬来选择锯条，硬材料(如合金钢等)或薄板、薄管时选用细齿锯条；软材料(如铜、铝合金等)或厚材料时选用粗齿锯条。

2. 手锯锯割作业如何正确安装锯条?

(1)安装锯条时应锯齿向前，如图 2-1-5 所示。

(2)锯条的松紧要适当，太紧失去了应有的弹性，锯条容易崩断；太松会使锯条扭曲，锯缝歪斜，锯条也容易崩断。

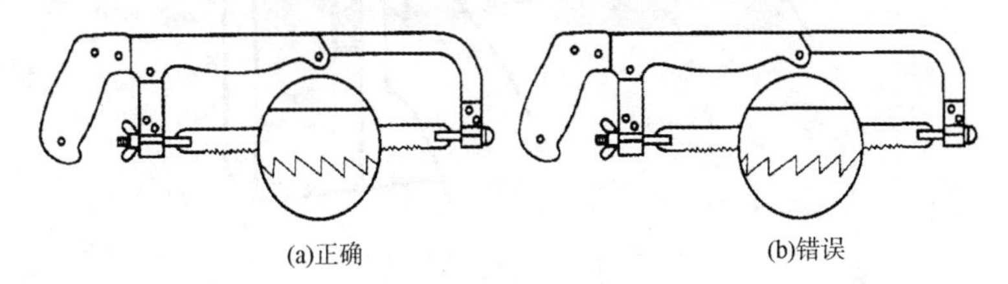

图 2-1-5 锯条的安装

3. 手锯锯割作业如何正确握手锯?

右手满握据柄，左手轻扶据弓前端，如图 2-1-6 所示。

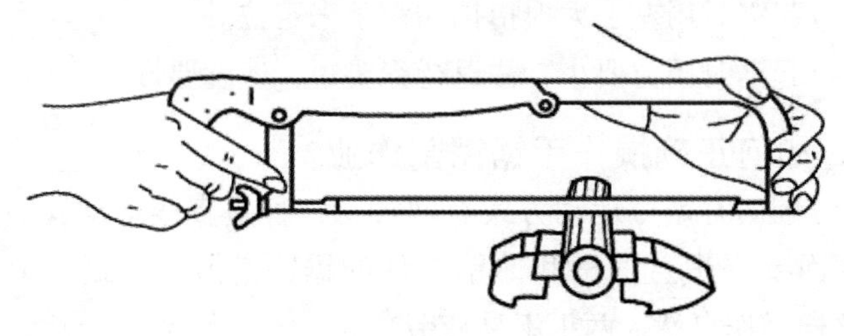

图 2-1-6 手锯的正确握法

4. 锯割作业时工件的夹持有哪些基本要求？

（1）工件的夹持要牢固，不可有抖动，以防锯割时工件移动而使锯条折断。同时也不要用力过猛以防止夹坏已加工表面和工件变形。

（2）工件尽可能夹持在虎钳的左面，不应伸出钳口太长（一般为 20mm 左右），避免震动。

（3）锯割线应与钳口垂直，以防锯斜，如图 2-1-7 所示。

（4）锯割线离钳口不应太远，以防锯割时产生抖动。

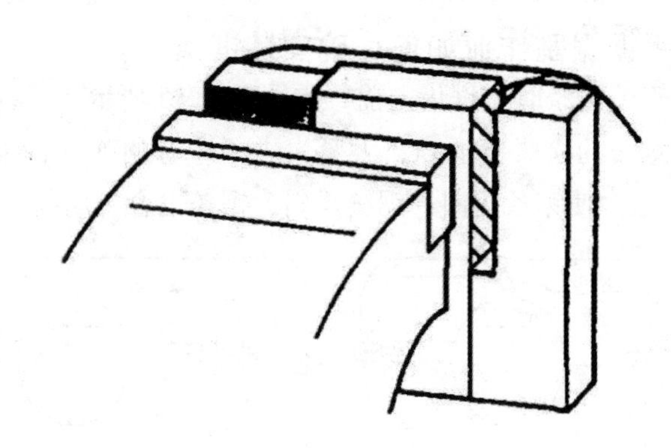

图 2-1-7　竖直夹紧零件

5. 锯割作业时起锯有哪些基本要求？

（1）宜采用远边起锯方法，锯条不易卡住。

（2）起锯角 α 以 15°左右为宜，如图 2-1-8 所示。

（3）起锯时用左手大拇指挡住锯条来定位。

（4）起锯时压力要小，往返行程要短，速度要慢。

6. 如何正确操作手锯锯割作业？

（1）推锯时锯弓运动方式有两种：一种是直线运动，适用于锯缝底面要求平直的槽和薄壁工件的锯割；另一种锯弓上下摆动，这样操作自然，两手不易疲劳。

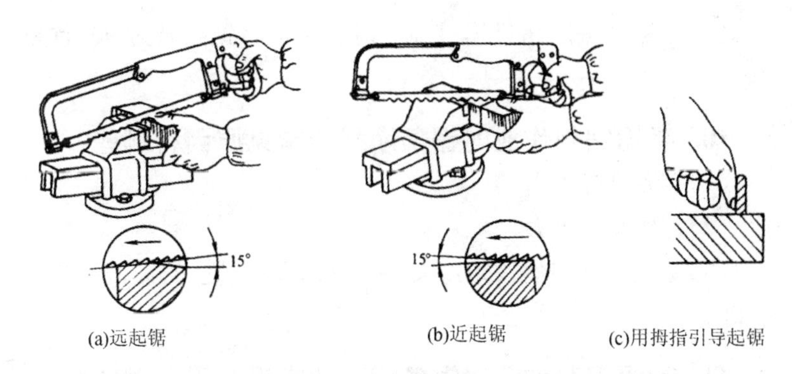

(a)远起锯 (b)近起锯 (c)用拇指引导起锯

图 2-1-8 起锯方法

(2)身体与锯弓作协调性的小幅摆动。即当手锯推进时，身体略向前倾，双手随着压向手锯的同时，左手上翘，右手下托，回程时右手上抬，左手自然跟回。

(3)锯割到材料快断时，用力要轻，以防碰伤手臂或折断锯条。

7. 如何正确锯割棒料?

锯割断面要求平整的，应从起锯开始连续锯到结束。若锯割断面要求不高的，可将棒料转过一定角度再锯，由于锯削面变小而易锯入可提高工作效率。

8. 如何正确锯割管子?

薄壁管子用 V 形木垫夹持以防夹扁和夹坏管子表面。管子锯割时要在锯透管壁时向前转一个角度再锯，否则容易造成锯齿的崩裂。

9. 如何正确锯割板料?

(1)板料锯缝一般较长，工件装夹要有利于锯割操作。

(2)薄板料的锯割时，将薄板料夹持在两木块之间，以增加刚性。

(3)当锯缝深度超过锯弓高度时，应该将锯条转过90°重新安装。

10. 手锯锯割作业时锯条崩裂的常见原因有哪些？

(1)锯条选择不当。

(2)起锯角度太大。

(3)锯割运动突然摆动过大，以及锯齿有过猛的撞击，使锯齿撞断。

11. 手锯锯割作业时锯条折断的常见原因有哪些？

(1)工件未夹紧，锯割时有松动。

(2)锯条装得过松或过紧。

(3)压力过大，或锯割用力突然偏离锯缝方向。

(4)强行纠正歪斜的锯缝，或调换锯条后，仍在原锯缝过猛地锯下。

(5)锯条中间局部磨损，当拉长使用时而被卡住，引起折断。

(6)中途停止使用时，手锯未从工件中取出而碰断。

12. 手锯锯割作业时锯缝产生歪斜的常见原因有哪些？

(1)工件安装时，锯缝线方向未与铅垂线方向一致。

(2)锯条安装太松或与锯弓平面扭曲。

(3)使用锯齿两面磨损不均的锯条。

(4)锯割压力过大使锯条左右摆动。

(5)锯弓未挡正或用力歪斜，使锯条背偏离锯缝中心中平面。

13. 如何正确进行手锯的维护和保养？

(1)注意工件装夹正确，以免锯削时锯伤台虎钳。

(2)锯割速度不可过快，以免产生较大切削热，降低锯条使用寿命。

(3)锯割后，应将锯弓上的张紧螺母适当放松，并妥善放好。

第三节 锉削

1. 如何正确选择锉刀？

(1)锉刀的断面形状和长度，应根据被锉削工件表面形状和大小选用，锉刀形状适应工件加工表面形状。

(2)锉刀的粗细规格选择，决定于工件材料的性质、加工余量的大小、加工精度和表面粗糙要求的高低。

2. 如何正确持握锉刀？

锉刀的握法随锉刀规格和使用场合的不同而有所区别，如图2-1-9所示。

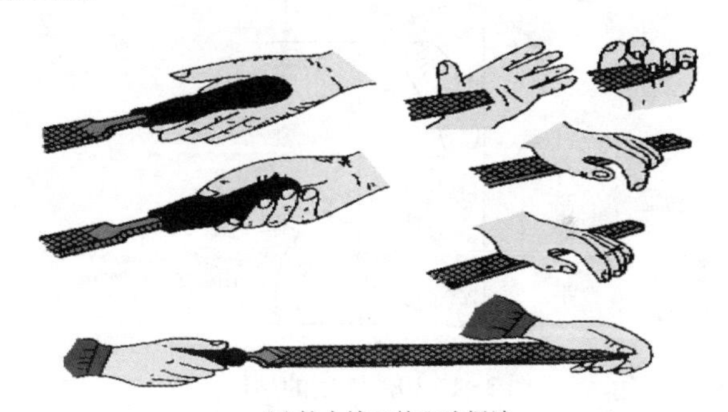

(a)较大锉刀的正确握法

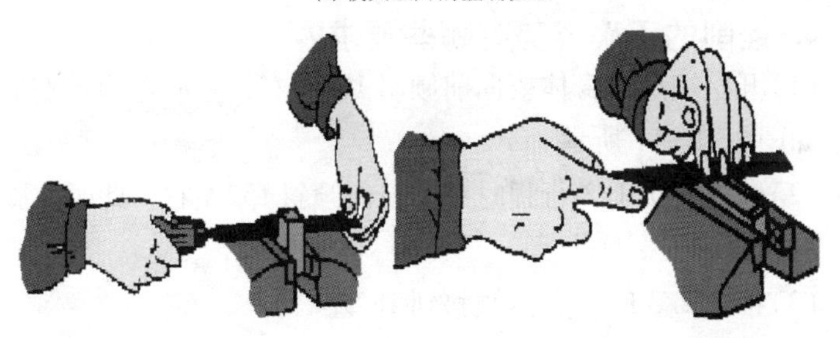

(b)中型锉刀的正确握法　　(c)小型锉刀的正确握法

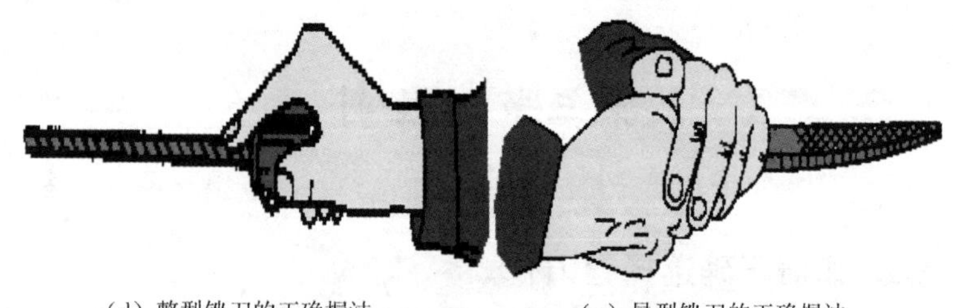

（d）整型锉刀的正确握法　　（e）异型锉刀的正确握法

图 2-1-9

3. 锉削作业时如何正确站位？

锉削作业时站位如图 2-1-10 所示。

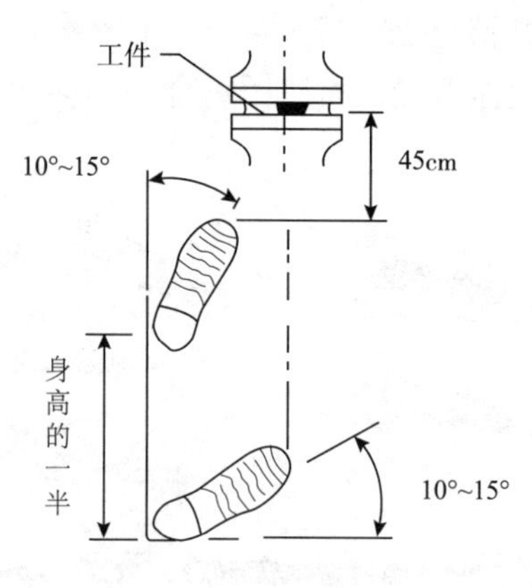

图 2-1-10　锉削的站位

4. 锉削的正确姿势有哪些要求？

(1)开始锉削时身体要向前倾斜 10°左右，左肘弯曲，右肘向后，如图 2-1-11 所示。

(2)锉刀推出 1/3 行程时身体向前倾斜 15°左右，此时左腿稍直，右臂向前推。

(3)推到 2/3 时，身体倾斜到 18°左右。

(4)最后左腿继续弯曲，右肘渐直，右臂向前使锉刀继续推进至尽头，身体随锉刀的反作用方向回到15°位置。

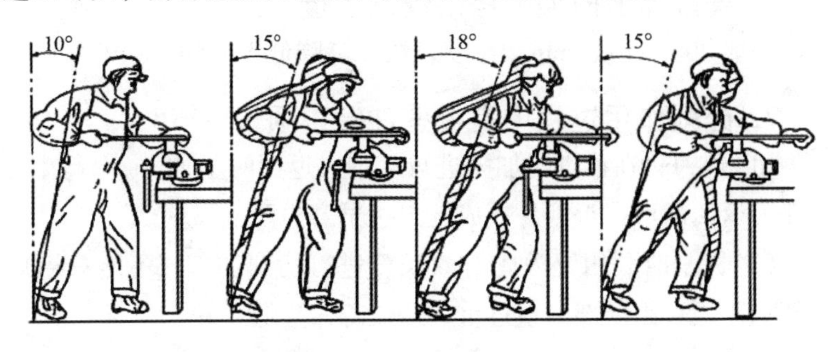

图2-1-11 锉削的姿势

5. 如何正确掌握锉削力？

锉削时有两个力，一个是推力，一个是压力。其中推力由右手控制，压力由两手控制，而且在锉削中，要保证锉刀前后两端所受的力矩相等，即随着锉刀的推进左手所加的压力由大变小，右手的压力由小变大，否则锉刀不稳易摆动，如图2-1-12所示。

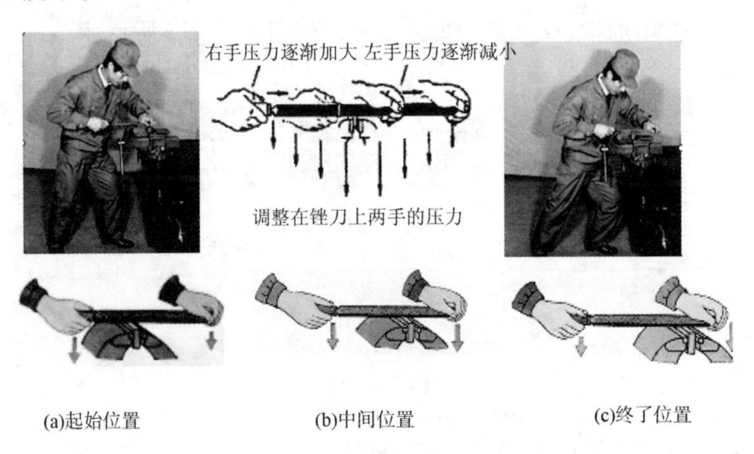

(a)起始位置 (b)中间位置 (c)终了位置

图2-1-12 锉削力示意图

6. 锉削作业时如何控制锉削速度？

一般 30～40 次/min，速度过快，易降低锉刀的使用寿命。

7. 锉削作用过程中有哪些注意事项？

(1)锉刀只在推进时加力进行切削，返回时不加力、不切削，把锉刀返回即可，否则易造成锉刀过早磨损。

(2)锉削时利用锉刀的有效长度进行切削加工，不能只用局部某一段，否则局部磨损过重，造成寿命降低。

8. 锉削操作中如何正确装夹工件？

(1)工件尽量夹持在台虎钳钳口宽度方向的中间。锉削面靠近钳口，以防锉削时产生振动。

(2)装夹要稳固，但用力不可太大，以防工件变形。

(3)装夹已加工表面和精密工件时，应在台虎钳钳口衬上紫铜皮或铝皮等软的衬垫，以防夹坏表面。

9. 平面的锉削方法有哪三种？

有顺向锉、交叉锉和推锉三种，如图 2-1-13 所示。

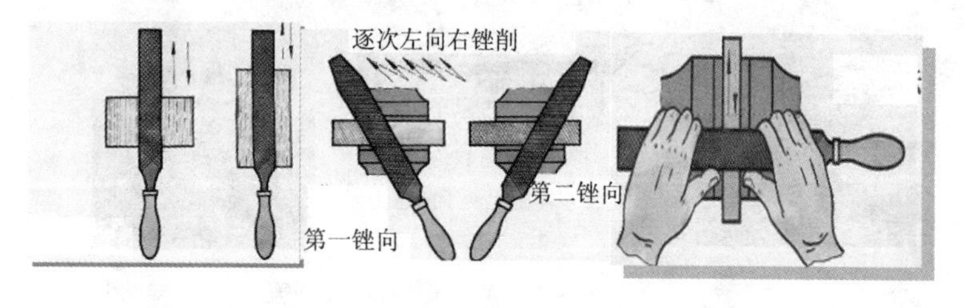

(a) 顺向锉法　　(b) 交叉锉法　　(c) 推锉法

图 2-1-13　平面锉削的方法

10. 如何正确选用顺向锉法、交叉锉法和推锉法？

(1)顺向锉法锉后可得到正直的锉痕，比较整齐美观，适用于锉削不大的平面和最后锉顺锉纹。

(2)交叉锉法可根据锉痕来判断锉削面的平整情况，一般用于平面锉平前的锉削。

(3)推锉法适用于锉狭长平面或打光工件表面。

11. 如何正确检查锉削平面?

(1)常用钢直尺或刀口形直尺，以透光法来检验其平面度。

(2)在检查过程中，当需改变检验位置时，应将尺子提起，再轻放到新的检验处。而不应在平面上移动，以防磨损直尺测量面，如图 2-1-14 所示。

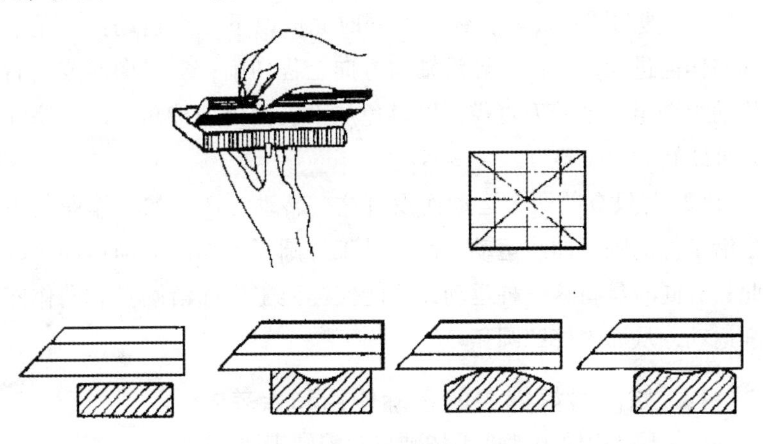

图 2-1-14 锉削平面的检查方法

12. 如何锉削凸圆弧面?

(1)顺向滚锉法：锉削时，锉刀需同时完成两个运动，即锉刀的前进运动和锉刀绕工件圆弧中心的转动，如图 2-1-15(a)所示。

(2)横向滚锉法：锉刀的主要运动是沿着圆弧的轴线线方向作直线运动，同时使锉刀不断沿着圆弧面摆动，如图 2-1-15(b)所示。

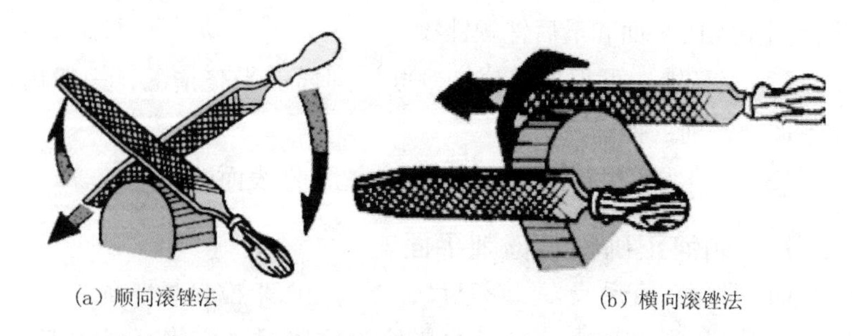

图 2-1-15 锉削凸圆弧面的方法

13. 如何锉削凹圆弧面?

(1)锉凹圆弧面时，锉刀要同时完成以下三个运动：一是沿轴向作前进运动，以保证沿轴向方向全程切削；二是向左或向右移动半个至一个锉刀直径，以避免加工表面出现棱角；三是绕锉刀轴线转动(约90°)。

(2)若只有前两个运动而没有这一转动，锉刀的工作面仍不是沿工件的圆弧曲线运动，而是沿工件圆弧的切线方向运动。因此只有同时具备这三种运动，才能使锉刀工作面沿圆弧方向作锉削运动，从而锉好凹圆弧。

14. 如何做好锉刀的正确使用和保养?

(1)不可用锉刀锉削毛坯硬皮及淬硬表面。

(2)锉刀应先用一面，用钝后在用另一面。

(3)应及时用钢丝刷清理锉刀。

(4)不能用手摸锉削表面，锉刀严禁接触油类。

(5)锉刀放置时不能与其金属物相碰。

(6)不可用锉刀代替其他工具敲打或撬物。

第四节 研磨与刮削

1. 什么是刮研?

用涂色法检查零部件之间的接触情况，利用刮刀或锉刀对接触面进行刮削使其接触满足技术要求的方法。

2. 什么是研磨?

使用研磨工具和研磨剂，利用研具和被研零件之间作相对的滑动，从零件表面上研去一层极薄金属层，以提高零件的尺寸、形状精度、减小表面粗糙度值的精加工方法，称为研磨。

3. 研磨的作用有哪些?

(1)可提高精度和几何形状精度。一般研磨的精度可达到0.001～0.003mm，外圆不圆，角度不准，受压阀门阀件气密性差等，均可采取研磨进行校正。

(2)能减小工件表面的粗糙度。各种加工方法以研磨能达到的表面粗糙度最小，用微磨粉研磨时，一般在0.4～0.1μm，最小可达到0.12μm。因此形状准确，能提高工件的耐磨性、抗腐蚀能力，从而延长工件的使用寿命。

4. 什么是压嵌研磨法?

它是以物理作用为主，兼有化学作用。效率较低，而且对工作场地的清洁度有较高的要求，一般用于研磨精度要求较高的工件。

5. 什么是涂敷研磨法?

涂敷研磨法是以物理作用为主，兼有化学作用。工作时，把研磨剂涂敷在研具或工件表面上进行研磨，磨粒在研具和工件表面间处于浮动的半运动状态，从而对工件表面起着滚挤、摩擦和研削的综合作用。

6. 外圆、内孔的研磨有哪些操作要点？

（1）研磨外圆和内孔时，研出的网纹应与轴线成45°。

（2）过程中，注意调整研磨棒（套）与工件的松紧程度，以免产生椭圆或棱圆。

（3）在研孔过程中应注意及时排除孔端多余的研磨剂，以免产生喇叭口。

7. 薄形件、圆锥面的研磨有哪些操作要点？

（1）研磨薄形工件时，要注意温升的影响，研磨时不断变向。

（2）研磨圆锥面时，每旋转4～5圈要将研磨棒拔出一些，然后推入继续研磨。

（3）研磨后要及时将工件清洗干净，并采取防锈措施。

8. 什么是刮削？

刮削是使用各种不同形状的刮刀，在工件表面上刮去一层很薄的微量金属，以降低其表面的粗糙度，提高形状精度。

9. 刮削精度主要检查哪些内容？

（1）刮削研点的检查。

（2）刮削面不垂直度的检查。

（3）研点高低的误差检查。

10. 平面刮削有哪两种方法？

手刮法和挺刮法。

11. 什么是手刮法？

右手握刀柄，左手握住近刀头部，刮刀与刮削面成25°～30°，刮削时，右臂利用上射摆动向前推进刮刀，同时左手向下压，并引导刮刀的方向。

12. 什么是挺刮法?

刮刀尾部装上接触面较大的柄，将刮刀柄顶在操作者的小腹右侧肌肉处，双手握住刀身，刮削时双手下压刮刀，右手引导刮刀方向，左手在挺刮刀需要长度时，将刮刀提起。

13. 平面刮削的刮削步骤及注意事项有哪些?

(1)粗刮：用粗刮刀在刮削平面上均匀地铲去一层金属，以很快除去刀痕、锈斑或过多的余量；当工件表面研点为4~6点/25mm×25mm，并且有一定细刮余量时为止。

(2)细刮：用细刮刀在经粗刮的表面上刮去稀疏的大块高研点，进一步改善不平现象；细刮时要朝一个方向刮，第二遍刮削时要用45°或65°的交叉刮网纹；当平均研点为10~14点/25mm×25mm时停止。

(3)精刮：用小刮刀或带圆弧的精刮刀进行刮削，使研点达：20~25点/25mm×25mm；精刮时常用点刮法(刀痕长为5mm)，且落刀要轻，起刀要快。

(4)刮花：刮花的目的主要是美观和积存润滑油。常见的花纹有斜纹花纹、鱼鳞花纹和燕形花纹等。

14. 曲面刮削的刮削步骤及注意事项有哪些?

(1)粗刮：应把刮刀放在正前角位置，使得在刮削过程中前角较大，刮出的切屑较厚，刮削速度较快。

(2)细刮：刮刀的位置应具有较小的负前角，刮出的切屑较薄，通过细刮能获得均匀分布的研点。

(3)精刮：刮刀的位置应具有较大的负前角，刮出的切屑很薄，可获得较高的表面质量。

第五节　螺纹加工

1. 什么是攻螺纹?

亦称攻丝，是用丝锥在工件内圆柱面上加工出内螺纹。

2. 什么是套螺纹?

又称套丝、套扣，是用板牙在圆柱杆上加工出外螺纹。

3. 攻螺纹时底孔的直径如何确定?

丝锥在攻螺纹的过程中，切削刃主要是切削金属，但还有挤压金属的作用，因而造成金属凸起并向牙尖流动的现象，所以攻螺纹前，钻削的孔径(即底孔)应大于螺纹内径。底孔的直径可查手册或按下面的经验公式计算：

(1)脆性材料(铸铁、青铜等)：钻孔直径 $d_0=d$(螺纹外径)$-1.1p$(螺距)；

(2)塑性材料(钢、紫铜等)：钻孔直径 $d_0=d$(螺纹外径)$-p$(螺距)。

4. 攻螺纹时钻孔的深度如何确定?

攻盲孔(不通孔)的螺纹时，因丝锥不能攻到底，所以孔的深度要大于螺纹的长度，盲孔的深度可按下面的公式计算：

孔的深度 = 要求的螺纹长度 + (螺纹外径)

5. 攻螺纹时孔口的倒角如何处理?

攻螺纹前要在钻孔的孔口进行倒角，以利于丝锥的定位和切入，倒角的深度大于螺纹的螺距。

6. 攻螺纹的操作要点、注意事项有哪些?

(1)根据工件上螺纹孔的规格，正确选择丝锥，先头锥后二锥，不可颠倒使用。

(2)工件装夹时，要使孔中心垂直于钳口，防止螺纹攻歪。

(3)用头锥攻螺纹时，先旋入1～2圈后，要检查丝锥是否与孔端面垂直(可目测或直角尺在互相垂直的两个方向检查)。当切削部分已切入工件后，每转1～2圈应反转1/4圈，以便切屑断落；同时不能再施加压力(即只转动不加压)，以免丝锥崩牙或攻出的螺纹齿较瘦。

(4)攻钢件上的内螺纹，要加机油润滑，可使螺纹光洁、省力和延长丝锥使用寿命；攻铸铁上的内螺纹可加煤油；攻铝及铝合金、紫铜上的内螺纹可加乳化液。

(5)不要用嘴直接吹切屑，以防切屑飞入眼内。

7. 套螺纹时圆杆的直径如何确定?

与攻螺纹相同，套螺纹时有切削作用，也有挤压金属的作用，故套螺纹前必须检查圆杆直径。圆杆直径应稍小于螺纹的公称尺寸，圆杆直径可查表或按经验公式计算。

圆杆直径 = 螺纹外径 $d-(0.13 \sim 0.2)$ 螺距 p

8. 套螺纹时圆杆的倒角如何处理?

套螺纹前圆杆端部应倒角，使板牙容易对准工件中心，同时也容易切入。倒角长度应大于一个螺距，斜角为15°～30°。

9. 套螺纹的操作要点、注意事项有哪些?

(1)每次套螺纹前应将板牙排屑槽内及螺纹内的切屑清除干净。

(2)套螺纹前要检查圆杆直径大小和端部倒角。

(3)套螺纹时切削扭矩很大，易损坏圆杆的已加工面，所以应使用硬木制的V形槽衬垫或用厚铜板作保护片来夹持工件。工件伸出钳口的长度，在不影响螺纹要求长度的前提下，应尽量短。

(4)套螺纹时，板牙端面应与圆杆垂直，操作时用力要均匀。开始转动板牙时，要稍加压力，套入3~4牙后，可只转动而不加压，并经常反转，以便断屑。

(5)在钢制圆杆上套螺纹时要加机油润滑。

第六节　钻孔与铰孔

1. 钻孔的操作要点有哪些？

(1)钻孔前一般先划线，确定孔的中心，在孔中心先用冲头打出较大中心眼。

(2)钻孔时应先钻一个浅坑，以判断是否对中。

(3)在钻削过程中，特别钻深孔时，要经常退出钻头以排出切屑和进行冷却，否则可能使切屑堵塞或钻头过热磨损甚至折断，并影响加工质量。

(4)钻通孔时，当孔将被钻透时，进刀量要减小，避免钻头在钻穿时的瞬间抖动，出现“啃刀”现象，影响加工质量，损伤钻头，甚至发生事故。

(5)钻削大于ϕ30mm的孔应分两次站，第一次先钻第一个直径较小的孔(为加工孔径的0.5~0.7)；第二次用钻头将孔扩大到所要求的直径。

(6)钻削时的冷却润滑：钻削钢件时常用机油或乳化液；钻削铝件时常用乳化液或煤油；钻削铸铁时则用煤油。

2. 什么是铰孔？

铰孔是用铰刀从工件壁上切除微量金属层，以提高孔的尺寸精度和表面质量的加工方法。其加工精度可达 IT6～IT7 级，其表面粗糙度 R_a =0.4～0.8μm。

3. 铰孔的操作要点有哪些？

(1)工件要夹正，对薄壁零件的夹紧力不要过大。

(2)手铰过程中，两手用力要平衡，旋转铰刀的速度要均匀，铰刀不得偏摆。

(3)铰刀不能反转，退出时也要顺转。

(4)铰削过程中，如果铰刀被卡住，不能猛力扳转铰刀，以防损坏铰刀。

(5)机铰时，要注意机床主轴、铰刀和工件上要铰的孔三者间的同轴度误差是否符合要求。

4. 什么是扩孔？

扩孔用以扩大已加工出的孔(铸出、锻出或钻出的孔)，它可以校正孔的轴线偏差，并使其获得正确的几何形状和较小的表面粗糙度，其加工精度一般为 IT9～IT10 级，表面粗糙度 R_a =3.2～6.3μm，扩孔的加工余量一般为 0.2～4mm。

第二章 典型零部件安装

第一节 通用要求

1. 试述装配前的准备工作有哪些？

（1）零件的清理和清洗。

（2）零件的密封性试验。

（3）旋转件的平衡。

2. 编制装配工艺的原则是什么？

（1）保证产品质量，提高装配精度，减少污染和降噪声。

（2）合理组织生产，提高劳动生产率，节约原材料，降低生产成本。

（3）合理使用机械设备和工艺装备，减轻繁重的劳动。

（4）保证安全生产，提出防范措施。

3. 装配工艺的步骤有哪些？

（1）资料准备。

（2）确定装配形式。

（3）确定装配顺序。

（4）划分工序。

（5）选择工艺装配。

（6）确定检验方法。

（7）提出工人技术等级及装配工时定额。

（8）编制工艺文件。

4. 常用的装配方法有哪几种？

（1）互换装配法。

（2）分组装配法。

（3）调整装配法。

（4）修配装配法。

5. 装配工作的要点有哪些？

（1）做好零件的清理和清洗工作。

（2）相配表面在配合或连接前，一般都需要加油润滑。

（3）相配零件的配合尺寸要准确。

（4）做到边装配边检查。

（5）试车时的事前检查和启动过程的监视。

6. 装配工艺规程的内容有哪些？

（1）分析装配线产品总装图，划分装配单元，确定各零部件的装配顺序及装配方法。

（2）确定装配线上各工序的装配技术要求、检验方法和检验工具。

（3）选择和设计在装配过程中所需的工具、夹具和专用设备。

（4）确定装配线装配时零部件的运输方法及运输工具。

（5）确定装配线装配的时间定额。

7. 装配工艺过程及内容是什么？

（1）装配前的准备阶段：首先要熟悉产品装配图、工艺文件和技术要求，深刻了解产品结构、零件的作用以及装配联接关系，确定装配的方法和顺序。

（2）装配工作阶段：比较复杂的产品，其装配工件常分为部件装配和总装配。其中，部件装配是将两个以上零件组合在一起，或将少数零件与几个组合在一起成为一个装配单元。总装配是将零件与部件组合成一台完整的产品的过程。

(3)装配后的调整、检验、试车阶段：调整是调节零件或机构的相互位置、配合间隙、结合松紧，使机构工作协调；检验是检验部件和机器的尺寸精度，试车是试验机器的灵活性、振动、温升、密封性、转速、功率和切削性能等是否满足要求。

8. 装配精度与零件制造精度有何联系？

零件制造精度是保证装配精度的基础，但装配精度并不完全取决于零件的制造精度。

9. 什么叫热装配？

机件进行加热装配，主要是利用物体热胀冷缩的特性，把两个需要热装的部件，一个加热到一定程度，使它热胀到一定程度后，立即装配到另一个相配合的零件(部件)上去，经过冷却收缩后，两者便紧密结合在一起，成为一个整体，这种加热装配的方法，就称为热装配。

10. 热装配时常用哪些加热方法？

木柴(或焦炭)加热；氧乙炔加热；热油加热；蒸汽加热；电阻丝加热；电感应加热。

11. 用低压蒸汽吹洗的零部件，吹洗后有何要求？

吹洗后必须及时干燥处理，彻底清除水分，并涂抹润滑油或润滑脂防锈。精密零件及滚动轴承不得用蒸汽吹洗。

12. 在禁油条件下工作的零部件、管路及附件应进行什么工作？

应进行脱脂工作；脱脂后，应将残留的脱脂剂清洗干净。

13. 机器设备常用的脱脂剂有哪些？

工业四氯化碳、工业三氯乙烯、工业酒精、浓硝酸、碱性脱脂液、金属清洗剂。

14. 机械设备装配的一般要求是什么?

(1)熟悉设备装配图、技术说明和设备结构，清扫装配现场，准备好装配的场地和所用的工器具、材料和设备。

(2)对零部件的检查包括外观检查和配合精度检查，并做好检查记录。

(3)清洗零部件并涂上润滑剂，在设备装配配合表面必须洁净并涂上润滑剂(有特殊要求的除外)，以防配合表面生锈，便于拆卸。

(4)组合件的装配应从小而大，从简单到复杂。

(5)部件的装配由组件装配成部件。

(6)总装配即由部件进行总装配。

(7)试运转和检查调整，即试运转时应进行必要的调整。

15. 确定磨损零件的修理或换件的原则是什么?

(1)修复零件的费用，一般最多不能超过新件的一半，否则应考虑更换新件。

(2)修理后的零件，要能满足原有技术要求，要保持或恢复足够的强度和刚度，要求耐用度至少能够维持一个修理间隔周期。

(3)对于一般零件来说，磨损的修理周期应比重新制作短些，否则就应考虑换件。

(4)在确定磨损零件的修理或换件时，应考虑修理工艺技术水平和具体条件。

16. 机械设备修理的工艺过程有哪几方面?

(1)修理前的准备工作。

(2)设备的拆卸。

(3)零部件的修理和更换。

(4)装配、调试和试车。

17. 常用的洗油有哪几种?

(1)溶剂煤油，使用温度≤65℃。

(2)航空洗涤汽油，使用温度≤40℃。

(3)轻柴油，使用温度≤65℃。

(4)常用润滑油，使用温度≤120℃。

18. 机器设备加工表面上的防锈漆应采用什么溶剂清洗?

应采用相应的稀释剂或脱漆剂进行清洗。

19. 轴颈磨损后如何修复?

当轴颈的磨损量小于0.2mm时，可用镀铬法修复，镀铬层一般为0.1~0.2mm，并需留有0.03~0.1mm的磨削余量，以备加工至要求的精度，当轴颈磨损较严重时，可采用振动堆焊的方法，堆焊的厚度一般可达1~1.5mm，堆焊后再机械加工至要求的精度。

20. 金属表面的常用除锈方法有哪些?

用砂轮、钢丝网、刮具、砂布、酸洗除锈，油石或砂布沾机械油擦拭。

21. 常用防咬合剂的种类有哪些?

二硫化钼粉(MoS_2)、二硫化钨粉(WS_2)、石墨鳞片(C)。

22. 脱脂时应该重点注意的事项有哪些?

(1)安装后不易拆卸和用循环法脱脂有困难的管道和设备，应在安装前脱脂，但必须保证在以后的工序中不被二次污染。

(2)用于脱脂的有机溶剂含油量不应大于50mg/L。对于含油量较大的溶剂可用于粗脱脂，然后用清洁的溶剂进行再次脱脂。含油量大于50mg/L的溶剂必须经过再生处理，并经检验合格后，方可作为脱脂剂。

(3)脱脂、检验与安装的工具、量具、仪表等，必须按脱脂件的要求进行脱脂。

(4)管道脱脂应在室外或通风良好的室内进行；脱脂现场不得有雨、雪、尘土等污染，脱脂剂不得被阳光直接照射。

(5)施工过程中，施工人员必须遵守各项安全规定，防止安全事故的发生。

23. 在高于200℃条件下工作的连接件及配合件装配时有何要求?

应在其配合表面涂抹防咬合剂。

第二节 键、销连接

1. 什么是键连接?

通过键实现轴和轴上零件间的周向固定以传递运动和转矩。

2. 键连接的主要类型有哪些?

(1)松键连接(普通平键、半圆键、导向平键等)。

(2)紧键连接(普通楔键连接、勾头楔键连接、切向键连接)。

(3)花键连接(静花键连接、动花键连接)。

3. 紧键连接的装配要点有哪些?

(1)装配前应检查键的直线度、键槽对轴心线的对称度和平行度。

(2)普通平键的两侧面与轴键槽的配合一般有间隙。重载荷、冲击、双向使用时，须有过盈。键两端圆弧应无干涉。键端与轴槽应留有0.10mm的间隙。

(3)普通平键的底面与键槽底面应贴实。

(4)半圆键的半径应稍小于轴槽半径，其他要求与一般平键相同。

4. 松键连接的装配要点有哪些?

(1)清理键及键槽上的毛刺。

(2)对于重要的键连接装配前应检查键的直线度，键槽对轴心线的对称度和平行度等。

(3)用键的头部与轴槽试配，应能使键较紧的嵌在轴槽中。

(4)挫配键长，在键长方向，键与轴槽有0.1mm左右间隙。

(5)在配合面上加机油，用铜棒或虑钳将键压装在轴槽中，并与槽底接触良好。

(6)试配并安装套件，键与键槽的非配合面应留有间隙。

5. 花键连接的特点是什么?

(1)因为在轴上与毂孔上直接而均匀地制出较多的齿与槽，连接受力较为均匀。

(2)因槽较浅，齿根处应力集中较小，轴与毂的强度削弱较少。

(3)齿数较多，总接触面积较大，因而可承受较大的载荷。

(4)轴上零件与轴的对中性好，这对高速及精密机器很重要。

(5)导向性好，这对动连接很重要。

(6)可用磨削的方法提高加工精度及连接质量。

(7)制造工艺较复杂，有时需要专门设备，成本较高。

6. 矩形花键的结构特点是什么，如何标注?

(1)矩形花键加工方便，可用磨削方法获得较高的精度，但内花键通常要用花键拉刀，对于不通孔的花键就无法加工，只好用插削加工，精度较低。

(2)矩形花键标注方法，如图 2-2-1 所示。

⎍ $6\times23\dfrac{H7}{f7}\times26\dfrac{H10}{a11}\times6\dfrac{H11}{d10}$ GB/T 1144—2001

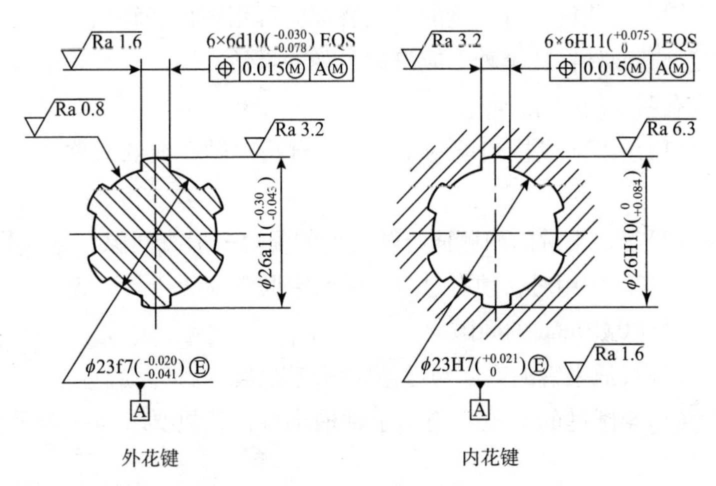

⎍ $6\times23\dfrac{H7}{f7}\times26\dfrac{H10}{a11}\times6\dfrac{H11}{d10}$ GB/T 1144—2001

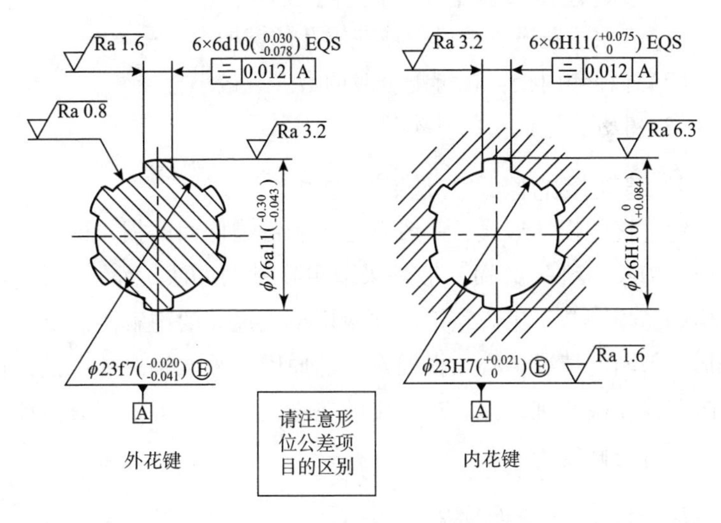

图 2-2-1 矩形花键标注

7. 花键连接的装配要点有哪些？

花键的精度较高，装配前稍加修理就可以进行装配。静连接的花键孔与花键轴有少量的过盈装配时可用铜棒轻轻敲入。动连接花键其套件在花键轴上应滑动自如，灵活无阻滞，转动套件时不应有明显的间隙。

(1)装配前应检查键的直线度、键槽对轴心线的对称度和平行度。

(2)普通平键的两侧面与轴键槽的配合一般有间隙。重载荷、冲击、双向使用时，须有过盈。键两端圆弧应无干涉。键端与轴槽应留有0.10mm的间隙。

(3)普通平键的底面与键槽底面应贴实。

(4)半圆键的半径应稍小于轴槽半径，其他要求与一般平键相同。

8. 花键连接要素包括哪些内容？

(1)齿数：花键轴的键数或花键孔的键槽数。

(2)外径和内径：花键配合时的最大、最小直径。

(3)键宽：键或槽的基本尺寸。

9. 键连接的修理方法有哪些？

键连接的损坏形式，一般有键侧和键槽侧面磨损，键发生变形或被剪断。键的磨损一般都采取更换键的办法，而不作修复。键槽的磨损则常采用修整键槽并换用增大尺寸的键解决。键发生变形或剪断的情况，必须根据发生的原因来采取解决的办法，例如改善操作或改进设计。动连接的花键轴磨损，可采用表面镀铬的方法进行修复。

10. 什么是销连接？

用销将两个零件连接在一起叫做销连接。

11. 销连接的作用有哪些?

销连接在机械中除起到连接作用外，还起定位作用和保险作用。

12. 销连接有哪几种类型?

销连接有圆柱销和圆锥销两种基本类型。圆柱销包括普通圆柱销(图 2-2-2)和内螺纹圆柱销(图 2-2-3)。

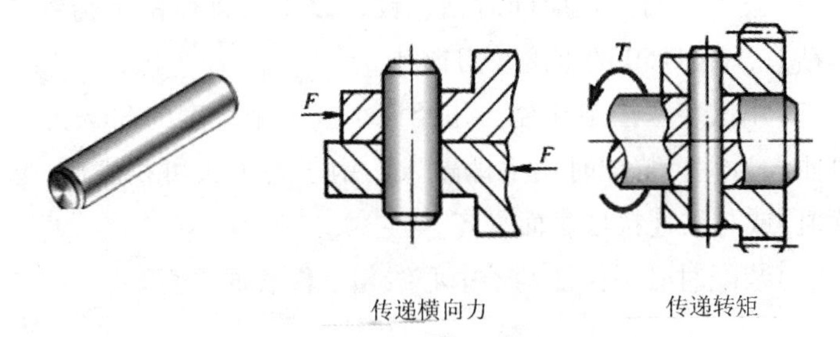

图 2-2-2 普通圆柱销

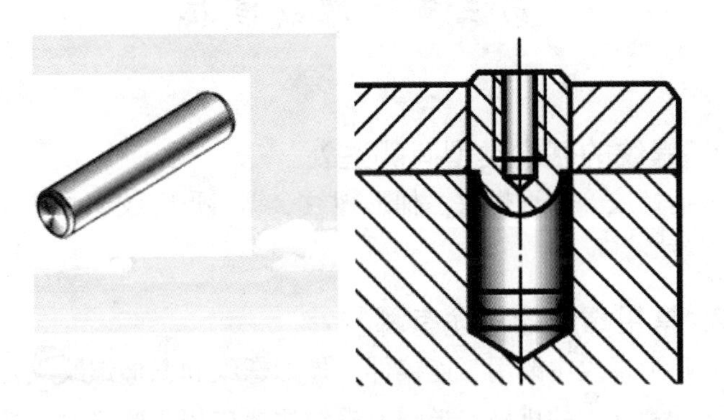

图 2-2-3 内螺纹圆柱销

13. 圆柱销装配要点有哪些?

(1)圆柱销一般靠少量过盈固定在孔中，用于定位或连接。

(2)圆柱销装入后尽量不要拆卸，以免影响连接精度及连接的可靠性。

(3)销连接的两连接件上的销孔应同时钻、铰。

(4)装配时在销子表面涂润滑油，用铜棒敲入。

(5)对于装配精度要求高的定位销，用 C 形夹头把销子压入孔中，这样不会使销子变形，也不会使工件移动。

14. 圆锥销装配要点有哪些?

(1)被连接的两孔应同时钻、铰，以小端直径留出精铰余量选择钻头，用1:50 的锥度铰刀铰孔。

(2)用试装法控制孔径，孔径大小以锥销长度的 80% 左右能自由插入为宜，装配时用手锤敲入，销子的大头可稍露出(露出倒棱值)或与被连接件表面平齐。

(3)装配时必须保证销子中心线与零件表面垂直。

第三节　螺纹连接

1. 螺纹的基本类型有哪些?

普通螺纹、矩形螺纹、梯形螺纹、锯齿形螺纹、管螺纹、米制锥螺纹。

2. 常用螺纹的用途有哪些?

三角形螺纹主要用于连接件，梯形螺纹和方形螺纹主要用于传递运动和受力的机械；半圆形螺纹主要应用于圆管的连接；锯齿形螺纹用于承受单面压力的机械。

3. 螺纹连接有哪些特点?

(1)螺纹拧紧时能产生很大的轴向力。

(2)能方便地实现自锁。

(3)外形尺寸小。

(4)制造简单，能保持较高的精度。

4. 螺纹连接的损坏形式有哪些及如何修复?

(1)过松：可将螺孔攻大，换大的新螺纹，攻深换长的螺纹。

(2)螺钉、螺柱的螺纹损坏：一般要更换新的螺钉、螺柱。

(3)螺栓头断：用锯槽、锉方、焊螺母、钻孔、螺纹取出器取出。

(4)锈蚀：用锤子敲打或用松动液等。

5. 螺纹连接如何控制预紧力?

(1)通过拧紧力矩控制预紧力。

(2)通过螺母转角控制预紧力。

(3)通过螺栓伸长量控制预紧力。

(4)通过拉伸器控制预紧力。

6. 螺纹防松装置的种类有哪些?

(1)摩擦力防松装置(弹簧垫圈、对顶螺母、自锁螺母)。

(2)机械防松装置(槽型螺母和开口销、圆螺母带翅片、止动片)。

(3)冲击防松装置和粘接防松装置。

7. 螺纹连接为什么要采取防松措施?

在受静载荷、无振动和工作温度变化不大的情况下，螺纹连接件被拧紧后，螺纹都能起自锁作用，不会自行松脱。但在受冲击、振动或变载荷作用下，以及工作温度变化很大时，螺纹连接有可能自行产生松脱。这不但影响工作，甚至会发生事故，为了保证螺纹连接的安全可靠，必须采取有效的防松措施。

8. 装配螺栓时，应符合什么要求?

(1)紧固时，不宜使用活扳手，不得使用打击法。

(2)螺栓头、螺母与被连接件接触应紧密。

(3)有预紧力要求的连接要按装配规定的要求预紧，钢制螺栓加热温度不得超过400℃。

(4)螺栓拧紧后，应露出2~4个螺距，沉头螺钉紧固后，钉头应埋入机件内，不得外露。

9. 有预紧力矩要求的螺栓连接，其预紧力有哪几种测量方法？

(1)利用专用扭力扳手、电动和气动扳手等，直接测量数值。

(2)测量螺栓拧紧后的伸长量。

(3)采用液压拉伸法或加热法。

(4)采用拧进螺母角度法达到预紧数值。

10. 螺纹连接装配技术要求有哪些？

(1)保证一定的拧紧力矩，螺纹连接为达到连接可靠和紧固的目的，要求纹牙间有一定摩擦力矩。

(2)有可靠的防松装置，以防止摩擦力矩减小和螺母回转。

11. 双头螺柱的装配要点有哪些？

(1)应保证双头螺柱与机体螺纹的配合有足够的紧固性，保证在装拆螺母的过程中，无任何松动现象。

(2)双头螺柱的轴心线必须与机体表面垂直，装配时可用直角尺进行检验。

12. 装配精制螺栓和高强度螺栓前，应检验哪些项目？

应检验螺孔的直径尺寸和加工精度，高强度螺栓装配前，应按设计文件规定和处理被连接件的接合面，装配时接合面应保持干燥。

第四节 联轴器

1. 什么是联轴器?

联轴器是一种连接不同机构的两根轴传递扭矩的机械零件。

2. 常用的联轴器有哪些类型?

常用的联轴器有弹性联轴器、膜片联轴器、波纹管联轴器、滑块联轴器、梅花联轴器、刚性联轴器。

3. 联轴器的功用是什么?

是把两根轴沿长度连接起来，以传递运动和扭矩，此外，还可以作为一种安全装置，保护被连接的机械不因过载而损坏。

4. 联轴器装配前后应检查哪些内容?

联轴器装配前应仔细检查轴与轴颈的椭圆度、锥度、粗糙度是否符合质量要求，把轴与孔的尺寸相对照决定安装方法。装配后根据图纸要求检查装配位置是否正确无误，端面圆跳动和径向圆跳动应在规定范围内。

5. 刚性轴与挠性轴的区别是什么?

刚性轴的工作转速处在低于一阶临界转速状态，而挠性轴的工作转速处在高于一阶临界转速状态。

6. 叠片挠性联轴器装配时应符合哪些规定?

(1)检查测量两安装盘之间的距离，应符合规定。若无规定，其间距应控制在0~0.5mm内。

(2)装配叠片组件中间段轴时应按标记对准，螺栓、衬套、自锁螺母应成套装配。

(3)自锁螺母装配时，应涂少量中性润滑油。

(4)测量联轴器端面间距时，应将两轴置于运转位置。

(5)两轴的对中偏差应符合机器技术文件规定。

7. 凸缘式联轴节装配要求有哪些？

(1)凸缘式联轴节对两轴线相对位置的准确性要求严格，应严格保证两轴的同轴度。否则两轴不能正常转动，严重时会使连轴节或轴变形和损坏。

(2)保证各连接件(螺母、螺栓、键、圆锥销等)连接可靠，受力均匀，不允许有自动松脱现象，否则容易产生事故。

8. 联轴器轴对中有哪些方法？

(1)直尺和塞尺检查方法。

(2)两表检查法。

(3)三表检查法。

(4)单表检查法。

(5)激光对中仪法。

9. 石油化工常见的离合器有哪几种？

离合器主要有摩擦式离合器、液力偶合器、电磁离合器等几种。

10. 离合器装配时的主要技术要求是什么？

在接合或分开时离合器的动作要灵敏，能传递足够的扭矩，工作平稳而可靠。

11. 片式摩擦离合器工作原理及功用是什么？

片式摩擦离合器是借许多很平的摩擦片来传递扭矩的。摩擦片的两面都起作用，这样就使摩擦面大大地增加，若要变更扭矩的大小，增减摩擦片的片数即可达到目的。

第五节 带传动与链传动

1. 什么是带传动?

带传动又叫皮带传动，是依靠张紧的传动带与带轮之间的摩擦力来传递运动和动力的一种机械传动形式。

2. 带轮的装配有哪些方法要求?

装配时，可采用锤击法或压入法，并用键或螺纹等固定。

3. 带轮装配后如何检查?

将带轮装到轴上时，对于有少量过盈的配合，可用锤子垫以铜棒敲入或最好用压力机压入，带轮装在轴上后，有时要检查其径向圆跳动和端面圆跳动量的大小是否超差，可用百分表进行检查。

4. 传动带张紧力如何调整?

在带传动机构中，都设计有调整张紧力的拉紧装置，因为传动带工作一段时间后，会产生永久变形。拉紧装置则可以通过调整两轴的中心距，而重新使拉力恢复到要求。当采用多根 V 带传动时，为了使每根带的张紧力尽量大小一致，因此它们的长度应一样而且各根带的弹性要保持相等，所以新旧带不能混用，否则张紧力不可能做到各根带保持均匀。

5. 两带轮相对位置如何检查?

两带轮在机械上的相对位置，通常需要靠调整来确定。相对位置不准确会引起带的张紧程度不同和加快磨损，检查的方法是：中心距较大时用拉绳法，中心距不大时用直尺法，相对位置的准确要求是保证两轮的中间平面重合。

6. 三角皮带传动的技术要求有哪些？

(1)皮带轮的安装要正确，其径向圆跳动量和端面圆跳动量应符合规定要求。

(2)两皮带轮的中间平面应重合，其倾斜角和轴向偏移量不超过规定要求。

(3)皮带轮工作表面的粗糙度要适当。皮带轮表面光滑，皮带容易在轮上打滑，皮带轮表面粗糙，工作时因发热大而加剧皮带的磨损。

(4)皮带在皮带轮上的包角不能小于120°，以保证传递足够的功率。

(5)皮带的张紧力要适当，并且调整方便。

7. 带传动的工作原理及特点有哪些？

带传动是依靠传动带与带轮之间的摩擦力来传递动力的，与齿轮传递相比，带传动具有工作平稳、噪声小、结构简单、制造容易、过载保护以及适应两轴中心距较大的传动等优点，因此应用十分广泛。

8. 带传动机构常见的损坏形式及修理方法有哪些？

(1)轴颈弯曲，弯曲程度可用百分表检查轴的外圆柱面得出，根据要求不同，有时可校直，有时则需要更换。

(2)带轮孔与轴配合松动，主要是孔轴之间产生相对活动而产生磨损造成的，磨损不大时可将轮孔修整。有时轴槽也需修整或改大尺寸，轴颈可镀铬增大尺寸。当磨损较严重时，轮孔可镗大后压入衬套，并用骑缝螺钉固定。

(3)带轮槽磨损后，可适当车深槽，并修整外缘尺寸。

9. 皮带轮及皮带装配时应符合哪些要求？

(1)两轮的轮宽中央平面应在同一平面上，其偏移 a：三角带≤1.0mm，平皮带≤1.5mm。

(2)两轴的平行度 $\tan\theta$ 不应超过0.5/1000。

(3)偏移和平行度的检查宜以轮的边缘为基准。

(4)皮带与皮带轮应匹配。

(5)传动皮带需拉紧时，预拉力宜为工作压力的1.5～2倍，预拉持续时间宜为24h。

10. 皮带传动在皮带安装完毕后应符合哪些要求？

两轴必须平行，两轴中心距须在规定的范围内，并有可调的行程，皮带松紧度适当，不得有打滑、发热、跳槽、掉轮现象，必须加装防护罩。

11. 链轮、皮带轮的安装要求有哪些？

(1)两轴必须平行。

(2)两轴中心距必须在规定范围内。

(3)主从动轮的轴向位置必须正确，对于链轮、平皮带轮，应使轮较宽的中心线在直线上，对于三角皮带轮使之角槽对正。

12. 什么是链传动？有哪几种类型？

链传动是通过链条将具有特殊齿形的主动链轮的运动和动力传递到具有特殊齿形的从动链轮的一种传动方式，如图2-2-4所示。

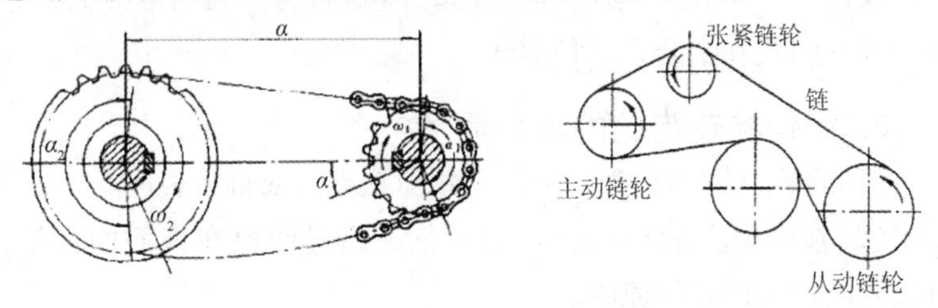

图2-2-4 链传动示意图

链传动最常用的是滚子链和齿形链。

13. 链传动装配技术要求有哪些?

(1)链轮的两轴线必须平行。

(2)两链轮的轴向偏移量，必须在技术要求范围内。

(3)径向和端面圆跳动量，当链轮直径<100mm，允许跳动量为0.3mm；链轮直径为100~200mm时，允许跳动量为0.5mm；链轮直径为200~300mm时，允许跳动量为0.8mm；链轮直径为300~400mm时，允许跳动量为1mm。

(4)链的下垂度应适当。

14. 链传动机构的损坏形式有哪些?如何修理?

链传动机构的损坏形式有：链被拉长，链和链轮磨损，链断裂等。链拉长主要是由各节中的销轴和滚子内孔磨损后造成的，因此加强润滑和清洁防尘是很重要的。链和链轮磨损当达到一定程度时，只有更新的来解决，一般不进行修复。链断裂，拆掉已坏链节，然后两端接合。

第六节 齿轮传动

1. 齿轮传动如何分类?

按齿轮传动装置形式(即工作条件)是否封闭和润滑情况，分为开式、闭式和半开式三种形式。

2. 如何检查齿轮的啮合质量?

(1)齿侧间隙的检查：可以采用压铅丝法或百分表法。

(2)接触斑点的检查：是用涂色法通过印痕在齿面的位置，可以判断产生误差的原因。

3. 齿轮传动有哪些优缺点?

(1)优点：传动准确可靠，能保证一定的瞬时传动比，传递的功率和转速范围大，传动效率高，使用寿命长，结构紧凑，体积小。

(2)缺点：噪声大，传动不与皮带传动平稳，不宜用于大距离传动，制造复杂。

4. 圆柱齿轮的精度要求有哪几项?

(1)运动精度。

(2)工作平稳性。

(3)接触精度。

(4)齿侧间隙。

5. 圆锥齿轮装配时主要工作内容是什么?

装配圆锥齿轮的工作，主要有两齿轮轴的轴向定位和侧隙的调整。

6. 装配直齿圆锥齿轮时，应如何确定齿轮轴向位置?

小齿轮的轴向定位常以小齿轮基准面至大齿轮轴的距离为依据去测量小齿轮的安装位置。大齿轮一般以侧隙决定其轴向位置。

7. 齿侧间隙的大小对齿轮有什么影响?

齿侧间隙大，有噪声和发生冲击，因空程大而影响传动精度。齿侧间隙小，容易卡住，润滑不良，齿面磨损快。

8. 齿轮传动机构装配后为什么要进行跑合?

为了提高齿轮的接触精度，改善啮合质量，减少噪声。

9. 齿轮传动机构损坏的现象有哪些? 如何修理?

(1)齿轮传动机构的损坏现象有齿面上出现金属剥蚀，齿侧间隙增大，噪声增加，齿轮精度降低。

（2）修理可根据情况进行，如更换磨损严重或齿崩裂的齿轮；更换轮缘法；焊补镶齿法等进行处理。

10. 减速器的主要部件及检查内容有哪些？

（1）主要部件：齿轮箱、齿轮、齿轮轴、轴承、密封等。

（2）主要检查内容：轴承间隙、轴径圆度、圆柱度、径向跳动、齿轮啮合精度、轴中心线平行度等。

11. 齿轮箱传动啮合产生振动的原因有哪些？

（1）齿轮轴不同心。

（2）齿轮偏心。

（3）齿轮制造周节、基节有误差。

（4）齿面有磨损、点蚀、剥落等缺陷。

（5）齿面有误差。

（6）齿面有裂纹、断齿现象。

（7）两齿轮轴不平行。

（8）齿轮啮合间隙不合适。

12. 影响齿轮传动精度的因素有哪些？

（1）齿轮的加工精度。

（2）齿轮的精度等级。

（3）齿轮副的侧隙要求。

（4）齿轮副的接触斑点要求。

13. 齿轮传动机构的装配要点有哪些？

（1）齿轮孔与轴配合要适当，不得有偏心和歪斜现象。

（2）保证齿轮有准确的安装中心距和适当的齿侧间隙。

（3）保证齿面的接触要求。

（4）滑动齿轮不应有卡住和阻滞现象，并应保证准确的定位。

（5）转速高的大齿轮，装在轴上后应作平衡检查，以免工作时产生过大振动。

14. 如何用压铅丝检验法检查圆锥齿轮装配后的侧隙?

是在齿宽两端的齿面上，平行放置两条铅丝，其直径不宜超过最小间隙的 4 倍，使齿轮啮合并挤压铅丝，铅丝被挤压后最薄处的尺寸，即为侧隙。

第七节 蜗轮蜗杆

1. 普通圆柱蜗杆传动精度有多少级，每一精度等级规定的规范是什么?

普通圆柱蜗杆传动有 12 个等级。每一精度等级规定有下列三种规范：蜗杆精度规范、蜗轮精度规范、动力蜗杆传动的安装精度规范。

2. 蜗杆传动机构装配的技术要求有哪些?

(1)蜗杆轴心线应与蜗轮轴心线互相垂直。

(2)蜗杆的轴心线应在蜗轮齿的对称中心面内。

(3)蜗杆、蜗轮间的中心距要准确。

(4)有适当的齿侧间隙。

(5)有正确的接触斑点。

3. 蜗杆传动机构箱体安装前有哪些检验内容?

为了确保蜗杆传动机构的装配要求，对蜗杆箱体上蜗杆孔轴心线与蜗轮轴心线间的垂直度和中心距的正确性，要进行检验。

4. 蜗杆传动机构啮合后齿面上的接触斑点怎样才算合格?

蜗轮传动如图 2-2-5 所示。蜗轮的接触斑点的检验，用涂色法检验，先将红丹粉涂在蜗杆的螺旋面上，并转动蜗杆，可在蜗轮的轮齿上获得接触斑点，正确的接触斑点应在蜗轮中部稍偏于蜗杆旋出方向。接触斑点的长度满载时为齿宽的90%左右。

图 2-2-5　蜗杆传动

5. 蜗杆传动的优缺点有哪些？

(1)传动比大，结构紧凑。

(2)传动平稳，无噪声。

(3)具有自锁性。

(4)蜗杆传动效率低，一般认为蜗杆传动效率比齿轮传动低。尤其是具有自锁性的蜗杆传动，其效率在0.5以下，一般效率只有0.7~0.9。

(5)发热量大，齿面容易磨损，成本高。

6. 如何检查蜗杆的啮合质量？

首先用涂色法检查蜗杆与蜗轮的啮合情况。将红丹粉涂在蜗杆的螺旋面上转动蜗杆，根据蜗轮轮齿上的色斑判断啮合质量。

对于不太重要的蜗杆传动机构，可用手转动蜗杆，根据蜗杆的空程量来判断侧隙大小，要求较高的则要用百分表进行测量。装配后的蜗杆传动机构，还要检查它的转动灵活性，蜗轮在任何位置上，用手旋转杆所需的扭矩均应相同，而且没有啃住现象。

7. 蜗轮副传动的特点是什么？

蜗轮副传动的特点是蜗杆一定是主动的，蜗轮一定是被动轮，它的最大特点是减速，能得到较小的传动比，且所占面积小。

第八节　液压传动

1. 什么是液压传动？

液压传动是以液体作为工作介质，通过驱动装置将原动机的机械能转化为液体的压力能，然后通过管道、液压控制及调节装置等，借助执行装置，将液体的压力能转化为机械能，驱动负载实现直线或回转运动，如图 2-2-6 所示。

2. 液压传动的工作原理是什么？

液压传动中靠被密封空间内受压力液体传递的一种传动方式，是以液体作为介质来传动的。它依靠密封容积的变化传递运动，依靠液体内部的压力传递动力。所以，液体装置本质上是一种能量转换装置。

3. 液压传动的优点有哪些？

(1)体积小、重量轻。

(2)能在给定范围内平稳的自动调节牵引速度，并可实现无

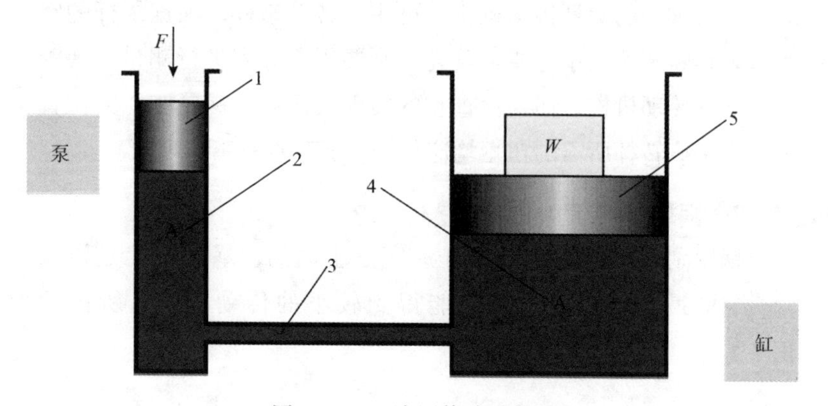

图 2-2-6 液压传动示意图

1、5—活塞；2、4—缸筒；3—连接管道

级调速。

(3)换向容易，在不改变电机旋转方向的情况下，可以较方便地实现工作机构旋转和直线往复运动的转换。

(4)液压泵和液压马达之间用油管连接，在空间布置上彼此不受严格限制。

(5)磨损小，使用寿命长。

(6)操纵控制简便，自动化程度高。

(7)容易实现过载保护。

(8)液压元件实现了标准化、系列化、通用化，便于设计、制造和使用。

4. 液压传动的缺点有哪些？

(1)使用液压传动对维护的要求高，工作油要始终保持清洁。

(2)对液压元件制造精度要求高，工艺复杂，成本较高。

(3)液压元件维修较复杂，且需有较高的技术水平。

(4)液压传动对油温变化较敏感，这会影响它的工作稳定性。

因此液压传动不宜在很高或很低的温度下工作，一般工作温度在-15～60℃范围内较合适。

(5)液压传动在能量转化的过程中，特别是在节流调速系统中，其压力大，流量损失大，故系统效率较低。

(6)由于液压传动中的泄漏和液体的可压缩性使这种传动无法保证严格的传动比。

5. 液压传动系统中压力分哪几个等级，与工作压力有何关系?

液压传动系统中压力可分为低压、中压、中高压、高压和超高压五个等级。工作压力决定于负载，而液压泵必须在额定工作压力以下工作。

6. 液压传动系统由哪几部分组成?

(1)动力部分：将电动机的机械能变成油液的压力能。

(2)执行部分：将液压泵输来的液压能变成带动工作机构的机械能。

(3)控制部分：用来控制和调节油液的方向、流量和压力以满足液压传动的动作和性能要求。

(4)辅助部分：将前三部分连成一个系统，起连接、储油、过滤和测量等作用。

7. 液压系统常见的故障有哪些?

液压系统常见的故障表现形式有噪声、爬行、振动、压力不足和油温过高等，而产生这些故障的主要原因为液压油的污染、液压系统中混入空气、液压元件的加工装配精度不高。

8. 液压泵的种类有哪些?

液压泵可采用齿轮泵、叶片泵、柱塞泵、螺杆泵和钢球泵等。

9. 液压泵正常工作需具备的主要条件有哪些？

(1)应具备密封容积。

(2)密封容积能交替变化。

(3)应有配流装置。

(4)吸油过程中，油箱必须和大气相通，这是吸油的必要条件。

10. 液压系统油路中产生不正常的噪声、抖动及漏油等故障的原因有哪些？

(1)油管路内进入空气。

(2)滤油器滤芯堵塞，油泵排油产生较大障阻。

(3)油箱的油液不足或油箱出口有较大异物堵塞。

(4)油温太低，油液黏度变大或油液变质。

(5)钢管及接头焊缝有破损，软管老化或磨破，管接头螺母松动或油封持久老化变形等。

11. 液压油泵安装要点有哪些？

(1)油泵一般不得用三角皮带传动，最好由电动机直接传动。

(2)油泵与原动机之间有较高的同轴度要求。

(3)油泵的入口、出口和旋转方向，一般在铭牌中标明，应按规定连接管路和电路，不得反接。

12. 液压油缸的装配有哪些要点？

(1)严格控制油缸与活塞之间的配合间隙。

(2)保证活塞与活塞杆的同轴度及活塞杆的直线度。

(3)活塞与油缸配合表面严格保持洁净。

(4)装配后，活塞在油缸内全长移动时应灵活无阻滞。

(5)油缸两端盖装上后，应均匀拧紧螺钉，使活塞杆能在全长范围移动，无阻滞和轻重不一现象。

13. 液压传动的特点及功能有哪些？

(1)易于获得很大的力或力矩。

(2)易于在较大的范围内实现无级变速且在变速时不需停车。

(3)传动平稳，便于实现频繁换向。

(4)机件在油液中工作，润滑好，寿命长。

14. 液缸部件解体与组装的一般步骤有哪些？

(1)移动柱塞至前死点，拆卸十字头连杆螺母。

(2)拆卸与传动箱连接的螺栓，将液缸部件从传动箱上拆下。

(3)将柱塞从十字头连杆上拆出，拆卸填料压盖，取下密封填料和柱塞衬套。

(4)拆卸吸、排管法兰，依次取下衬套、限位器，弹簧及阀。

(5)按解体检查的相反步骤进行回装。

第九节 轴承

1. 什么是轴承？对轴承有什么技术要求？

用来支承轴和轴上零件，并承受轴上负载的部件称为轴承。对轴承主要有下列技术要求：

(1)在工作状态下能使轴保持较高的旋转精度，能承受一定的轴上负载(荷)。

(2)轴承的工作温度及温升不得超过规定的要求。

(3)在工作中，轴承的磨损要小，以保证它有较长的使用寿命。

2. 什么是轴承合金？常用的轴承合金有哪些？

(1)又称轴瓦合金，用于制造轴承的材料。

(2)常用的轴承合金材料有锡基轴承合金、铅基轴承合金、铜基轴承合金、铝基轴承合金等。

3. 轴承合金有哪些性能？

轴承合金具有良好的减摩性和耐磨性，但强度较低，不能单独做轴瓦，通常将它浇铸在青铜、铸铁、钢材等基体上使用。

4. 静压轴承有何特性？

静压轴承具有承载能力大，抗振性能好，工作平稳，回转精度高等优点，故在高精度的机械设备中应用逐渐增多。

5. 滚动轴承的优点有哪些？

(1)摩擦系数小。

(2)启动时摩擦阻力小。

(3)润滑油消耗量少。

(4)轴颈窄，轴的结构紧凑。

(5)功率消耗少。

6. 滚动轴承如何分类？

(1)按所能承受的载荷方向分：有向心轴承、向心推力轴承和推力轴承三类。

(2)按滚动体的形状分，有球轴承、滚子轴承和滚针轴承三类。

(3)按滚动体的列数分：有单列和多列轴承。

(4)按能否自动调心分：有球面轴承和一般轴承。

7. 滚动轴承与滑动轴承比较有什么特点？

滚动轴承是支承轴和回转零件的主要部件，与滑动轴承比较具有启动阻力小、回转精度高、温升小、寿命长、结构紧凑、调整迅速、装配方便和具有高度互换性等特点。

8. 滚动轴承的密封装置有哪几种形式?

(1)接触式密封装置，常用的毡圈式和皮碗式。

(2)非接触式密封装置，常用的是阻油槽式和迷宫式。

9. 滚动轴承装配前的检查应符合什么要求?

(1)用温差法装配轴承时，可用机械油加热或电加热，以及冷却轴承的方法。

(2)承受径向及轴向负荷的轴承圈座应与轴肩或轴承挡肩靠紧，轴承压盖和热圈应平整。

(3)轴承装在剖分式轴承座或对开式箱体上时，轴承盖与底座的按合面应贴合，轴承外圈与轴承座在对称中心线120°范围内，与轴承盖在对称中心线90°范围内应均匀接触。

10. 滚动轴承的代号分别表示什么?

滚动轴承的代号由数字和字母组成，根据它们在代号中自右至左的次序，分别表示轴承内径、轴承的尺寸系列、轴承的类型、轴承的结构特点、轴承的精度等级和轴承的径向游隙组别等。

11. 滚动轴承如何进行轴向固定?

为了防止轴承受到轴向载荷时产生轴向移动，轴承在轴上和轴承安装孔内都应有轴向紧固装置，作为固定支承的径向轴承，其内、外圈在轴向都要固定，轴承内圈在轴上安装时，一般都由轴肩在一面固定轴承位置，另一面用螺母、止动垫圈和开口轴用弹性挡圈等固定，轴承外圈在箱孔内安装时，箱体孔一般有凸肩固定轴承位置，另一方向端盖、螺纹环和孔用弹性挡圈等紧固。

12. 滚动轴承的配合采用什么公差配合方式?

滚动轴承装配时，外圈用基轴制，即以轴承外圈直径为基准，改变孔的极限尺寸来取得不同松紧的配合。内圈采用基孔制即以轴承内圈孔为基准，改变轴径的极限尺寸来取得不同松紧的配合。

13. 滚动轴承的装配有哪些技术要点?

(1)滚动轴承上标有代号的端面应装在可见的方向。

(2)轴或壳体孔台肩处的圆弧半径，应小于轴承上相对应处的圆弧半径。

(3)轴承装配在轴上和壳体孔中后，应没有歪斜现象。

(4)在同轴的两个轴承中，必须有一个外圈可以随轴热膨胀时产生轴向移动。

(5)装配滚动轴承必须严格防止污物进入轴承内。

(6)装配后的轴承，转动必须灵活，噪声小，工作温度一般不宜超过65℃。

14. 滚动轴承的轴向固定方式有哪几种?

(1)两端单向固定方式，在轴的两端的支承点，用轴承盖单向固定分别限制两个方向轴向移动。为避免轴受热胀伸长而使轴承卡住，在左右轴承外圈与端盖留有不大的间隙，以便游动。

(2)一端双向固定方式，一端轴承双向轴向固定，另一端轴承可随轴游动，这样，工作时不会发生轴向窜动，受热膨胀时又能自由地向另一端伸长不致卡死。

15. 滚动轴承有哪几种润滑方法?

脂润滑、油润滑。

16. 滚动轴承的密封装置有什么作用?

滚动轴承密封的作用是防止灰尘、杂质、水分等的侵入和防止润滑剂的流出。如果密封不良，则轴承的工作状况将明显恶化而降低轴承的使用寿命，并造成环境污染。

17. 滚动轴承一般有哪些损坏形式？如何修复？

(1)滚动轴承的主要损坏形式有滚道和滚动体的磨损，表面产生麻点、裂纹和凹坑等，有时也有产生保持器碎裂的。

(2)壳体内孔磨损时，通常可采用镀镍的方法使内孔缩小至要求的尺寸；当轴颈磨损时，则可用镀铬法使直径增大，然后磨削到要求的尺寸。

18. 为什么要调整滚动轴承的游隙？

游隙过大，将使同时承受负荷的滚动体数减少，单个滚动体负荷增大，降低轴承寿命和旋转精度，引起振动和噪声，受冲击载荷时，尤为显著。游隙过小，则加剧磨损和发热，也会降低轴承使用寿命。

19. 什么是滚动轴承的定向装配？

人为地控制各装配件径向跳动误差的方向，合理组合，以提高装配精度的一种装配方法。

20. 如何调整滚动轴承的轴向游隙？

使轴承内、外圈作适当地轴向相对位移，如向心推力球轴承、圆锥滚子轴承和双向推力球轴承等，在装配时以及使用过程中，可通过调整内、外套圈的轴向位置来获得合适的轴向游隙。

21. 用温差法装配滚动轴承时可采用什么方法加热？

采用机械油加热或工频感应加热(电加热)的方法，加热温度宜在 100～120℃范围之内，对于塑料珠架轴承，其加热温度不得超过 100℃。

22. 如何拆卸滚动轴承？

滚动轴承的拆卸方法与其结构有关，对于拆卸后还要重复使用的轴承，拆卸时不能损坏轴承的配合表面，不能将拆卸的作用力加在滚动体上。圆柱孔轴承的拆卸，可以用压力机，也可以用拉出器。圆锥孔轴承直接装在锥形轴颈上或装在紧定套上，可拧松锁紧螺母，然后利用软金属棒和手锤向锁紧螺母方向，将轴承敲出。装在退套上的轴承，先将锁紧螺母卸掉，然后用退卸螺母将退卸套从轴承座圈中拆出。

23. 滑动轴承分为哪几类？

滑动轴承根据其结构形式的不同，可分为整体式、剖分式和内柱外锥式等；根据其工作表面形状的不同，可分为圆柱形、椭圆形和多油楔等。

24. 滑动轴承的特点是什么？

滑动轴承主要特点是平稳、无噪声，润滑油膜有吸振能力，能承受较大冲击载荷。

25. 滑动轴承的装配有哪些技术要求？

(1)轴与轴承配合表面的接触精度良好。

(2)配合间隙应符合要求。

(3)润滑油道的位置正确。

(4)在工作条件下，不发生烧瓦及“胶合”的情况。

(5)在轴承的所有零件中，只允许轴颈与轴衬之间发生滑动运动。

26. 为什么高速旋转轴承一般采用滑动轴承？

滑动轴承具有液体摩擦润滑的性能，寿命长、噪声小，能适应较大的温度变化和高速运转等许多优良性能。

27. 常见的滑动推力轴承有哪两种？

米歇尔轴承、金斯伯雷轴承。

28. 多油楔轴承有何特点?

(1)抗振性能好，运行稳定，能够减轻转子由于不平衡或加工安装误差造成的振动危害。

(2)在不同的负荷下，多油楔轴承中轴颈的偏心度比普通轴承小得多，保证了转子的对中性。

(3)当负荷与转速有变化时，瓦块能自动调节位置，以保证有最好的润滑油楔，所以温升不高。

29. 整体式滑动轴承的装配要点有哪些?

(1)将符合要求的轴套和轴承座孔做好清理和清洁工作。

(2)根据轴套与座孔配合过盈量的大小，确定适宜的压入方法。

(3)对压入后产生变形的轴套，应进行内孔的修整。

(4)通常在压入后必须附加定位装置，用螺钉或定位销等加以制动。

30. 剖分式滑动轴承如何修理?

剖分式滑动轴承通常在中分处有调整垫片，当内孔磨损后，可抽除部分垫片或减小垫片厚度使内孔缩小，然后进行研刮恢复至要求的精度。轴承合金损坏后，则同样可采用重新浇注的办法，并经机械加工修复。

31. 滑动轴承顶间隙过大或过小对轴承有何影响?

(1)间隙过大，润滑油容易流失，油膜难以形成，液体润滑难以保证，机器运转精度降低，振动剧烈，噪声刺耳，严重时将引起事故。

(2)间隙过小，润滑油流动受限制，油膜也难以形成，并且轴承温度升高，严重时也会发生事故。

32. 整体式滑动轴承装配时应符合哪些要求?

(1)检查轴承和轴承座孔的表面情况、配合过盈尺寸、轴承油孔、油槽及油路，在确认油路畅通后方可进行装配。

(2)装配前轴承表面应涂一层薄润滑油，压入时应使用软金属垫和导向轴或导向环。

(3)在采用冷却轴承法装配过程中，不得用手直接拿轴承。

(4)轴承和轴承座可用定位螺钉固定。

33. 滑动轴承过盈量过大或过小时对轴承有何影响?

轴承过盈过大，轴承变形，既影响轴承与轴承座的配合精度，又使轴承早期损坏。

过盈过小会引起轴承的振动，运转时轴承在轴承座内游动，既使轴承产生周期性变形，造成巴氏合金层脱落，温度升高，严重时烧瓦。

34. 剖分式滑动轴承的装配有哪些工艺要点?

(1)轴瓦与轴承座、盖的装配：上下轴瓦与轴承座、盖装配时，应使轴瓦背与座孔贴实，如贴合不良，则对原轴瓦以座孔为基准修刮其背部。

(2)为了使轴瓦与轴颈的接触良好，需要用对合轴瓦与其相配的轴进行配刮。

(3)轴承组装后，上、下轴瓦不应有错位现象。

35. 外锥内柱滑动轴承的装配工艺要求是什么?

(1)将轴承外套压入箱体孔中，其配合为H7/r6。

(2)以轴为基准研点，配刮轴承锥孔至要求的接触点数。研点时，最好将箱体竖起来，以避免因轴的自重影响而使研出来的点子不正确。

36. 用压铅法测量轴瓦顶间隙时，如何选用铅丝直径及计算顶间隙?

铅丝的直径不宜超过顶间隙的3倍。

$\delta=(b_1+b_2)/2-(a_1+a_2+a_3+a_4)/4$

37. 薄壁轴瓦装配应符合什么要求?

(1)检查薄壁瓦顶间隙时，应符合技术文件规定。

(2)着色法检瓦背与轴承座孔应紧密均匀贴合，接触面积不小于70%。

(3)轴瓦装配后，在上、下瓦口中分面处用0.02mm塞尺检查不得塞入。

(4)下轴瓦应用螺钉、凹槽或压键定位。

38. 在轴瓦上下结合面处用垫片调整间隙或过盈的轴承，其应符合哪些要求?

(1)调整垫片应与瓦口的形状相同，其宽度应小于瓦口面1~2mm，长度小于瓦口面1mm。

(2)垫片应平整，无毛刺，卷边等缺陷。瓦口两侧的厚度应一致。

(3)调整垫片不应与轴颈相接触。

39. 当技术文件无规定时，如何确定及测量自动调心滑动轴承的径向间隙?

径向间隙应为(1.4~1.8)d/1000，可采用压铅法、抬轴法、量棒测量法测量。

40. 抬轴法如何测量滑动轴承的径向间隙值?

(1)先将轴承装配好并均匀地紧固连接螺栓，然后用两块百分表进行测量。将其中一百分表的触头触及轴承盖的最高点，将另一百分表触头触及距离支承轴承最近轴径的最高点，将两百分表的读数调整至0位，然后用专用工具缓缓地将转子垂直向上抬起，直到轴承盖处的百分表产生0.005mm的读数为止，此时轴径上的百分表读书即为该轴承的径向间隙值。

(2)用抬轴法测量滑动轴承径向间隙时，应连续测量2～3次，而且每次将转子放到下瓦块上时，轴径和轴承压盖上的百分表读数均应回到0位。

41.“余面高度”的作用是什么?

为了确保瓦背与瓦座有足够的贴紧力，以防止在主轴转动与机组不断振动过程中产生两者相对位移而影响油路正常畅通。

42. 薄壁瓦余面高度大小对轴瓦装配质量有什么影响?

当余面高度过大时，容易出现轴瓦顶间隙过大现象或由于对瓦盖紧固螺栓把紧力过大而造成瓦口的塑性变形质量事故。当余面高度过小时，将会出现轴瓦与瓦座的贴紧力不足或轴瓦顶间隙过小现象，影响正常安装质量要求。

43. 产生油膜振荡的根本原因是什么?

油膜振荡的产生，是由于滑动轴承的工作稳定性差而引起的，而决定滑动轴承稳定性好坏的根本因素是轴在轴承中的偏心距大小。偏心距越小，轴心位置浮得越高，稳定性差；偏心距越大，则轴心位置沉得越低，稳定性就越好。

44. 什么是油膜涡动?

涡动是转子绕自身轴线旋转的同时，其轴心又绕轴承中心连线回转的一种运动形式。油膜涡动是由油膜力产生的一种涡动。

45. 滑动轴承形成润滑的条件有哪些?

(1)轴承(瓦)与轴颈之间有一定的间隙，便于形成油膜。

(2)轴颈要有一定的转速。

(3)轴承与轴颈都应有精确的几何尺寸和较低的表面粗糙度。

第十节 密封件

1. 装配压装填料密封件(软填料)时应符合哪些要求?

(1)填料箱应清洗干净，轴表面光滑，在填料箱内和轴表面涂密封剂。

(2)压装填料密件时，将填料圈切成45°的剖口，相邻两圈接口错开角度应大于90°。

(3)填料应逐根装填，不得一次装填几根或作缠绕状。

(4)填料圈不宜压得过紧，应沿周围均匀分布。

2. 装配O形环密封圈时应符合哪些要求?

(1)密封圈不得有扭曲和损伤，并正确选择预压量。

(2)当橡胶密封圈用于固定密封和法兰密封时，其预压量宜为橡胶圈条直径的20%~25%。

(3)当用于动密封时，其预压量宜为橡胶圈条直径的10%~15%。

3. 填料密封主要哪几部分组成?

填料密封主要由压盖、螺栓、填料组成。

4. 填料密封的工作原理是什么?

填料密封的填料是弹塑形体，当受到轴向压紧后，产生摩擦力致使压紧力沿轴向逐渐增大，同时所产生的径向压紧力使填料紧贴在轴表面而阻止介质外漏。

5. 在安装填料密封填料时应注意什么？

应使填料密封清洁，若填料带有砂粒则会损伤轴，引起填料密封温度升高。

6. 在安装填料密封时，由于安装不当而使压盖发生倾斜，会造成什么影响？

会造成压盖与轴发生摩擦，将引起填料密封温度偏高。

7. 机械密封的主要特点是什么？

机械密封的主要特点是动密封面垂直于旋转轴线，并具有弹性元件、辅助密封圈等构成的轴向磨损补偿机构。

8. 机械密封是由哪几部分组成？

(1)由动环和静环组成密封端面，有时称摩擦副。

(2)由弹性元件为主要零件组成的缓冲补偿机构。

(3)辅助密封圈，其中有动环和静环密封圈。

(4)使动环随轴旋转的传动机构。

9. 机械密封按弹簧装入密封端面的内侧或外侧，分为哪两种？

分为内装式机械密封、外流式机械密封。

10. 气膜螺旋槽密封与普通机械密封相比有哪些区别？

(1)气膜螺旋槽密封的动环上刻有螺旋槽。

(2)气膜螺旋槽密封不需要专门的液体冲洗、润滑和冷却装置。

(3)气膜螺旋槽密封的动、静环间是非接触的。

11. 装配油封时应符合哪些要求？

(1)油封唇部应无损伤，并在油封唇部和轴表面涂以润滑剂。

(2)油封装配方向应使介质工作压力把密封唇部紧压在主轴上，不得装反。

(3)油封在壳体内应可靠地固定，不得有轴向移动或转动的现象。

12. 装配防尘节流密封、防尘迷宫密封时应符合哪些规定?

(1)防尘节流密封、防尘迷宫间隙内应填满润滑脂(气封除外)。

(2)密封间隙均匀。

第三章 通用机械设备安装

第一节 准备工作

1. 机械设备安装应具备哪些技术文件?

(1)设备合同及有关会议纪要。

(2)安装平面布置图、基础图、安装图等。

(3)制造厂提供的机器出厂质量证明文件及相关技术资料,有关重要零件的质量检测报告。

(4)相关规范。

2. 机械设备安装的基本类型分为哪几种?

(1)联动机械设备的安装。由于这类设备是连续运行的,设备或部件间的相互关系和方位要求非常准确,所以安装时必须找正中心、标高和水平,如挤压机组等。

(2)单独机械设备的安装。这类设备的安装主要是找正水平,而对于标高和中心的要求则不那么严格,如风机、泵等。

3. 机械设备的主要安装程序是什么?

基础检查和放线→设备开箱、就位及找正→初平与地脚螺栓孔灌浆→清洗和装配→精平与二次灌浆→精度检验、调整和试运转→灌浆抹面与验收。

4. 压缩机组安装前对现场环境的要求有哪些?

(1)厂房范围内地下工程完成，场地平整，地面已硬化，消防设施符合要求。

(2)基础验收、交接完，相关施工资料齐全；基础上安装基准线、定位线及标高线已标定，麻面已铲凿，顶丝窝已处理。

(3)施工使用的工机具、工卡具、样板等应合格，计量器具应在检验期内，工机具、工卡具、样板、计量器具均放置在压缩机厂房混凝土地坪上的工具箱内。

(4)压缩机厂房检修起重机械调试、安装完，并具备使用条件。

(5)厂房内照明、水、电、气具备使用条件，为压缩机安装创造清净的无土化环境。

5. 设备安装前应进行哪些准备工作?

(1)技术资料的准备。

(2)安装工具、吊装机械及材料的准备。

(3)人员配备和施工程序的准备。

(4)基础验收和垫铁布置合格。

6. 机械设备安装前，应对设备进行哪些清点工作?

安装前，施工单位、业主、监理、厂商等一起进行设备的清点和检查。清点后要做好记录，并且要求所有参加人员进行签字。设备的清点工作主要有以下几项：

(1)设备的箱数、箱号及包装情况。

(2)设备的装箱单、说明书、合格证及出厂检验单等技术要求。

(3)设备的名称、规格和型号等是否符合要求。

(4)根据清箱单逐项清点箱内零部件、附件、备件、专用工具及有关技术文件。如有缺漏，应做好记录。

(5)检查设备零部件有无缺陷、损坏、变形及锈蚀等现象。如有，应及时处理；防锈油如果变质，要清除后重新涂油。

7. 机器设备需现场装配时应符合什么要求？

(1)配装前应了解机器的结构，对机器内部和需要装配的零、部件进行清洗处理和外观检查。

(2)对机器零、部件上的油、气孔，应彻底清洗和吹扫，直至无任何异物为止。

8. 设备开箱检查的目的是什么？

(1)检查设备是否有损伤。

(2)零部件及附件是否有损伤和短缺的。

(3)专用工具及技术资料是否齐全。

(4)核对设备的名称、规格、型号与设计资料是否相符。

(5)核对设备外形尺寸是否与设计图纸相符，地脚螺栓孔间距是否与设计图纸和基础一致。

(6)办理移交手续。

第二节　基础验收

1. 设备安装前为什么要对设备基础进行验收和处理？

基础质量的好坏，对设备的安装、运转和使用有很大的影响。因为基础除了要承受机械本身的重量和运转时产生的振动力之外，还要吸收和隔离其它设备工作时产生的振动，并防止发生共振现象。如果基础达不到设计要求，就会产生倾斜、沉陷，甚至破坏，这就必然使设备遭到损害，降低精度，甚至不能运转。因此，在设备安装之前，必须对基础进行严格的检验，发现问题及时进行处理。

2. 设备基础验收时应注意的事项有哪些?

(1)基础外观不得有裂纹、蜂窝、空洞、漏筋等缺陷。

(2)基础上应有明显的标高线、中心线的标记。

(3)基础的坐标位置和几何尺寸应符合施工图要求。

(4)需要做沉降观测的基础应有沉降观测记录。

3. 设备基础强度应达到设计强度的多少时设备具备就位条件?

基础强度应达到设计强度的75%以上。

4. 设备安装前如何对基础进行处理?

设备安装前用电镐或錾子对基础表面进行麻面处理，并应达到以下要求：

(1)铲出麻面，麻点深度宜不小于10mm，密度以每一平方分米内有3～5个点为宜，表面不应有油污或疏松层。

(2)放置垫铁或支持调整螺钉用的支承板处(至周边约50mm)的基础表面应铲平。

(3)地脚螺栓孔内的碎石、泥土等杂物和积水，必须清除干净。

(4)预埋地脚螺栓的螺栓和螺母表面粘附的浆料必须清理干净，并进行妥善保管。

第三节 地脚螺栓

1. 地脚螺栓有什么作用?

将机械设备牢固的固定在基础上。地脚螺栓埋设在混凝土中能够牢固，是由于金属表面与混凝土间的粘着力与混凝土在钢筋上的摩擦力的作用。其粘着力和摩擦力的大小，与混凝土的标号、浇灌质量、地脚螺栓直径的大小、地脚螺栓埋入混凝土中的长度及地脚螺栓的安装质量等有直接的关系。

2. 预埋地脚螺栓的验收有何要求？

（1）预埋地脚螺栓的位置、标高及露出基础的长度应符合施工图的要求。

（2）地脚螺栓的螺母和垫圈配套，预埋地脚螺栓的螺纹和螺母应保护完好。

（3）T 形头地脚螺栓与基础板应按规格配套使用，埋设 T 形头地脚螺栓基础板应牢固、平正，地脚螺栓光杆部分和基础板应刷防锈漆。

3. 预留地脚螺栓安装时应注意的事项有哪些？

（1）地脚螺栓在预留孔中应垂直，无倾斜。

（2）地脚螺栓任一部分离孔壁的距离应大于 15mm；地脚螺栓底端不应碰孔底。

（3）地脚螺栓上的油污和氧化皮等应清除干净，螺纹部分应涂少量油脂。

（4）螺母与垫圈、垫圈与设备底座间的接触均应紧密。

（5）拧紧螺母后，螺栓应露出螺母，其露出的长度宜为螺栓直径的 1/3～2/3。

（6）应在预留孔中的混凝土达到设计强度的 75% 以上时拧紧地脚螺栓，各螺栓的拧紧力应均匀。

4. 拧紧地脚螺栓时应注意哪些事项？

（1）地脚螺栓的螺母下应加设垫圈，起重机械设备的地脚螺栓须用锁紧装置锁紧（如加弹簧垫片、双螺母、开口销等）。

(2)地脚螺栓的螺纹在拧上螺母以前，应用黄油或机油润滑，以防日后锈蚀而拆卸困难。

(3)在混凝土强度达到设计强度的75%以后，方准拧紧地脚螺栓。

(4)拧紧地脚螺栓应从设备的中间开始，然后往两头交错对角进行。拧时用力要均匀。严禁拧完一边再紧另一边。在紧完螺母后要再复查一次水平度。

(5)拧紧地脚螺栓应使用标准长度的扳手，只有当螺栓直径大于M30时才允许使用套筒加长扳手。

5. 放置带锚板的地脚螺栓应符合哪些要求？

(1)地脚螺栓的光杆部分及锚板应涂刷防锈漆。

(2)用螺母托着的钢制锚板，锚板与螺母之间应用定位焊固定或采取其他的防松措施。

(3)当锚板直接焊在地脚螺栓上时，其角焊缝高度应不小于螺杆直径的1/2。

6. 怎样安装化学锚栓？

(1)根据工程设计要求，利用水钻在混凝土相应位置钻孔，孔径应符合设计要求。

(2)用硬毛刷刷孔壁再用干净无油的压缩空气吹出灰尘，如此反复进行不少3次；必要时可用干净棉布沾少量丙酮或酒精擦净孔壁。

(3)保证螺栓表面洁净、干燥、无油污。

(4)将专用药剂放入已钻好孔内，使用电锤或电钻及专用安装夹具，将螺杆强力旋转插入直至孔底，以达到击碎玻璃管并强力混合锚固药剂的目的。电锤或电钻的转速应调至慢速挡。

第四节 垫铁

1. 设备安装中所用垫铁的种类有哪些?

(1)平垫铁，又叫矩形垫铁，一般由普通碳钢制造。在安装中平垫铁和斜垫铁配合使用，可以调整设备高度。

(2)斜垫铁，又叫斜插式垫铁，通常采用灰铸铁(HT150)制造。斜垫铁成对配合使用，才能构成上下平行的表面。安装调整时，配对垫铁的搭接长度应不小于全长的3/4，且相互间的倾斜角应不大于30，一般斜铁下要有平垫铁。

(3)开口垫铁，这种垫铁可直接卡入地脚螺栓，能减少拧紧地脚螺栓时设备底座产生的变形。它常用于安装在金属结构上的设备及由两个以上面积都很小的底脚支持的设备。

2. 设备垫铁布置的方法有哪几种?

(1)标准垫法，将垫铁放在地脚螺栓两侧，这样能防止设备在拧紧地脚螺栓后变形。设备安装一般都采用这种方法，这也是布置垫铁的基本方法。

(2)筋底垫法，设备底座下部有筋时，一定要将垫铁垫在筋底下。

(3)十字垫法，当设备底座小，地脚螺栓间距近时采用这种垫法。

(4)辅助垫法，当地脚螺栓间距过远时，中间要加一组辅助垫铁，一般垫铁间允许的最大距离为500～1000mm，如图2-3-1(a)所示。

(5)混合垫法，根据设备底座的形状和地脚螺栓间距的大小来布置，如图 2-3-1(b)所示。

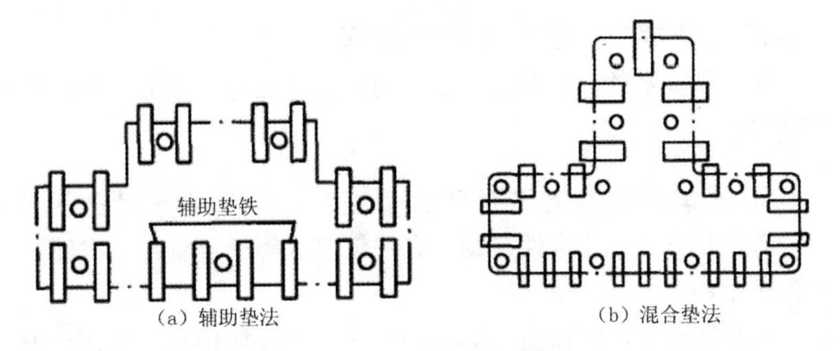

图 2-3-1 设备垫铁布置

3. 垫铁安装时应注意哪些事项?

(1)垫铁的高度宜为 30～70mm，过高将影响设备的稳定性，过低则二次灌浆层不易牢固。

(2)为了更好的承受压力，垫铁与基础面必须紧密贴合，因此基础面上放垫铁的位置一定要凿平。

(3)设备找平后，平垫铁应露出设备底座外缘 10～30mm，斜垫铁应露出设备底座外缘 10～50mm，以利于调整。而垫铁与地脚螺栓边缘的间距应为 50～150mm，以便于螺栓孔灌浆。

(4)每组垫铁的层数越少越好，垫铁的层数宜为 3 层，最多不应超过 4 层，厚的平垫铁放在下面，斜垫铁放在上面，薄的平垫铁放在中间。在拧紧地脚螺栓时，每组垫铁的压紧度一致，不允许有松动现象。

(5)在设备找正后，如果是钢垫铁，一定要把每组垫铁用点焊的方法焊在一起。

(6)在放垫铁时，还必须考虑到基础混凝土的承压能力，有些机械设备安装使用垫铁的数量和形状在使用说明书上或设计图纸上都有规定，而且垫铁也随设备一起到来。因此，安装时必须依据图纸规定来做，如果没有规定，可按上述各项要求来做。

4. 无垫铁安装的具体形式有哪几种？

无垫铁安装的具体形式主要有两种，即临时支承形式和调整顶丝形式。

5. 无垫铁安装方法有什么特点？一般适用于什么机器？

有调整方便、稳定性好及没有垫铁腐蚀等优点，但二次灌浆工作较繁琐。

一般适用于底座地面较平整的机器，对转速较高、负荷较大的机器，二次灌浆层部分宜采用灌浆料进行捣浆的方法进行灌浆。

6. 无垫铁安装方法是利用什么将机器设备找平？

应根据机器设备的质量和底座的结构确定临时垫铁、小型千斤顶或调整螺钉位置和数量，并用其进行调整，找正、找平机器设备。

7. 采用无垫铁安装方法时对设备基础及灌浆材料有哪些要求？

(1)安装前，设备基础应经过验收。基础表面应铲成麻面，清除油污和浮灰，垫铁处应铲平。

(2)无垫铁安装方法应采用微胀混凝土(或无收缩水泥砂浆)，无收缩混凝土及微膨胀混凝土的配合比应符合现行标准《石油化工机器设备安装工程施工及验收通用规范》SH/T 3538 的规定。

8. 无垫铁安装施工有何要求？

(1)应根据设备的重量和底座的结构确定临时垫铁、小型千斤顶或调整顶丝的位置和数量。

(2)当设备底座上设有安装用的调整顶丝(螺钉)时，支承顶丝用的钢垫板放置后，其顶面水平度的允许偏差应为2mm/1000mm。

(3)采用无收缩混凝土灌注应随即捣实灌浆层，待灌浆层达到设计强度的75%以上时，方可松掉顶丝或取出临时支承件，并应复测设备水平度，将支承件的空隙用砂浆填实。

(4)灌浆用的无收缩混凝土的配比宜符合规定。

9. 设备安装中，调整垫铁时应注意的事项有哪些?

(1)在调整过程中，如果需要降低垫铁高度，应减少斜垫铁的搭接长度，但是应不小于全长的3/4，如小于3/4应该更换平垫铁，最薄的平垫铁不应小于2mm。

(2)垫铁组的高度不宜小于30mm；同时应注意，调整垫铁时，应先松开地脚螺栓的螺母。

(3)如果需要提高垫铁高度，可在一组斜垫铁的调整范围内，增加调整垫铁的接触面积，若接触面积达到100%还没达到调整高度，应当更换平垫铁，且垫铁组的高度不宜大于70mm。

10. 使用垫铁组进行调平时应符合哪些规定?

斜垫铁应配对使用，与平垫铁组成垫铁组时，垫铁的层数益为3层(即一平二斜)，最多不应超过4层，薄垫铁厚度不应小于2mm，并放在斜垫铁与厚平垫铁之间。斜垫铁可与同号或者大一号的平垫铁搭配使用。垫铁组的高度宜为30～70mm。

11. 如何保证垫铁组之间的接触质量符合要求?

(1)垫铁的表面应平整，无氧化皮、飞边等。

(2)斜垫铁的斜面应通过机加工的方法使表面粗糙度小于25μm，斜度宜为1∶10～1∶20，同时斜垫铁应配对使用，且放在平垫铁中间。

(3)机器找正后用0.05mm的塞尺检查，其塞尺伸入长度不得超过垫铁长度的1/3。

12. 机器设备找正、找平后，对垫铁组应进行哪些检查？

(1)用0.25kg或0.5kg手锤逐组轻击听声检查垫铁组的松紧度，应无松动现象。

(2)用0.05mm塞尺检查垫铁之间及垫铁与底座地面之间的间隙时，在垫铁同一断面处的两侧塞入长度总和不应超过垫铁长度或宽度的1/3。

13. 垫铁组检查合格后应进行哪些工作？

应在垫铁组的两侧进行层间定位焊接牢，垫铁与机器底座之间不得焊接。

第五节　找平找正

1. 设备定位有哪些要求？

(1)设备定位的基准线，要以建筑物柱子的纵横中心线或墙的垂直面为基准。

(2)设备对基准线的距离及其相互间位置的允差应符合设计文件的要求，设备安装标高也应符合设计文件要求。

(3)设备定位的测量起点，若施工图上有明确规定，应按图上规定执行；若只有轮廓形状，应以设备真实形状的最外点算起。

(4)带式输送机、辊道、传送链等连续运输设备，在安装中应保证相互之间及与附属设备间能很好衔接。

2. 设备初平前应做好哪些准备工作?

设备初平前，应先安装好地脚螺栓、放好垫铁。垫铁的中心线要垂直于底座的边缘，垫铁外露的长度要符合规范的要求。垫铁放好后还要检查有无松动，同时垫铁的接触面积和垫铁组的要求也要符合相关规范的要求。同时被测的设备加工面要进行局部擦洗，以便设备初找平。

3. 机器设备找正、找平宜在哪些部位选择?

(1)机体上水平或铅垂方向的主要加工面。

(2)支承滑动部件的导向面。

(3)转动部件的轴颈或外露轴的表面。

(4)联轴器的端面及外圆周面。

(5)机器上加工精度较高的表面。

4. 如何调整设备的标高和水平度?

(1)用斜垫铁调整。使用斜垫铁将设备升起，已调整设备的标高和水平度。

(2)用小螺栓千斤顶调整。重量较轻的设备，采用这种方法调整标高和水平度最准确、方便，且省力、省时。调整时只需用扳手松、紧螺杆，即可使设备起落，如图 2-3-2 所示。

(3)用液压千斤顶调整。起落较重的设备时，可用液压千斤顶来调整。有时因基础妨碍，可做一个 Z 型弯板顶起。

5. 对机器设备水平度偏差有什么规定?

应符合机器技术文件的规定。若无规定时，横向水平度≤0.10mm/m，纵向水平度≤0.05mm/m，并不应松紧地脚螺栓或支座螺栓的程度来调整水平度。

6. 影响设备安装精度的因素有哪些?

(1)基础的施工质量(精度)：包括基础的外形几何尺寸、位

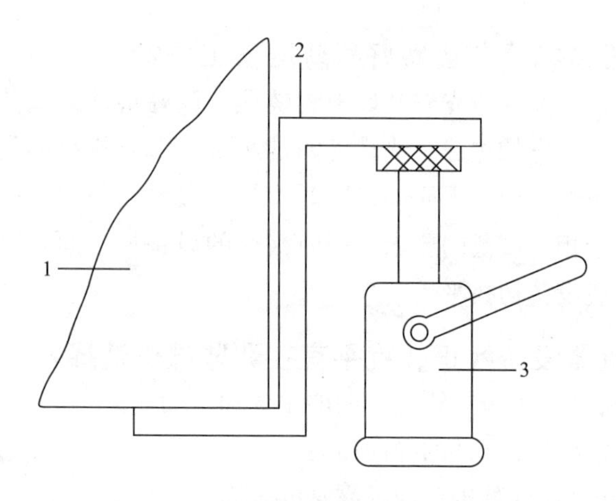

图 2-3-2　设备标高和水平度调整

1—设备；2—Z 型弯板；3—液压千斤顶

置、不同平面的标高、上平面的平整度和与水平面的平行度偏差；基础的强度、刚度、沉降量、倾斜度及抗震性能等。

(2)垫铁、地脚螺栓的安装质量(精度)：包括垫铁本身的质量、垫铁的接触质量、地脚螺栓与水平面的垂直度、二次灌浆质量、垫铁的压紧程度及地脚螺栓的紧固力矩等。

(3)设备测量基准的选择直接关系到整台设备安装找正找平的最后质量。安装时测量基准通常选在设备底座、机身、壳体、机座、床身、台板、基础板等的加工面上。

(4)散装设备的装配精度：包括各运动部件之间的相对运动精度，配合表面之间的配合精度和接触质量，这些装配精度将直接影响设备的运行质量。

(5)测量装置的精度必须与被测量装置的精度要求相适应，否则达不到质量要求。

(6)设备内应力的影响：设备在制造和安装过程中所产生的内应力将使设备产生变形而影响设备的安装精度。因此，在设备制造和安装过程中应采取防止设备产生内应力的技术措施。

(7)温度的变化对设备基础和设备本身的影响很大(包括基础、设备和测量装置)，尤其是大型、精密设备。

(8)操作者的技术水平及操作产生的误差：操作误差是不可避免的，问题的关键是将操作误差控制在允许的范围内。这里有操作者技术水平和责任心两个问题。

7. 联轴器的径向和轴向误差可能出现哪几种情况?

联轴器的径向和轴向误差可能出现4种情况：两轴线平行且同心、两轴线平行且不同心、两轴线同心且不平行、两轴线即不同心也不平行。

8. 轴对中的检查方法有哪几种?

(1)直尺塞规法：利用直尺测量联轴器的同轴度误差，利用塞规测量联轴器的平行度误差。这种方法简单，但误差大。

(2)百分表双表法：用两块百分表分别测量联轴器轮毂的外圆和端面上的数值，对测得的数值进行计算分析，确定两轴在空间的位置，最后得出调整量和调整方向。

(3)百分表三表法：在端面上用两块百分表，两块百分表与轴中心等距离对称设置，以消除轴向窜动对端面测量读数的影响。

(4)百分表单表法：只测定轮毂的外圆读数，不需要测定端面读数。

(5)激光找正法：采用激光找正仪进行设备对中找正。

9. 有间隔的联轴器对中应符合哪些要求?

(1)机组对中时，应根据两转子的相对位置，选用单表、双表、三表找正法进行机组轴对中。

(2)表架应有足够的刚度，计算调整时应考虑找正架自身扰度时对表值的影响。

(3)机组轴对中时，两转子应同步转动。

10. 转子轴对中实际偏差如何计算?

(1)双表找正时，轴向、径向百分表的读数(图2-3-3)应符合式(1)、式(2)。

$$a_1 + a_3 = a_2 + a_4 \tag{1}$$

$$b_1 + b_3 = b_2 + b_4 \tag{2}$$

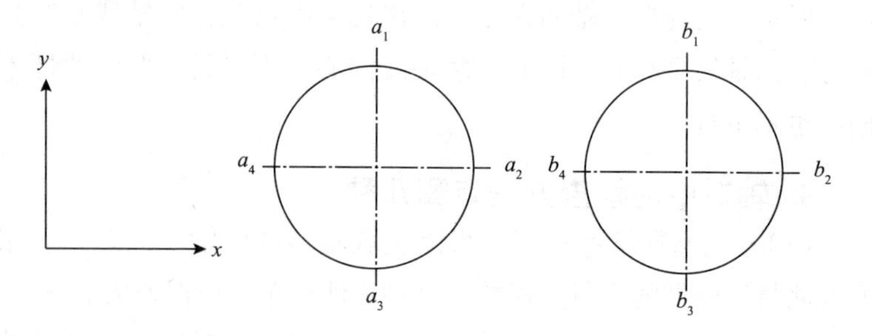

图2-3-3 对中记录示意

a—径向表读数；b—轴向表读数

(2)在联轴器互成90°的四个位置测得两轴的径向测量值 a 和轴向测量值 b，应按下列方法计算出对中偏差数值:

a)两轴线径向位移量应按式(3)、式(4)、式(5)计算；

$$a = \sqrt{a_a^2 + a_y^2} \tag{3}$$

$$a_x = \frac{a_2 - a_4}{2} \tag{4}$$

$$a_y = \frac{a_1 - a_3}{2} \tag{5}$$

式中 a——两轴线的实际径向位移，mm；

a_x——两轴线沿 x 轴径向位移，mm；

a_y——两轴线沿 y 轴径向位移，mm；

$a_1 \sim a_4$——百分表分别在0°、90°、180°、270°四个位置上径向表读数，mm。

b）两轴线轴向倾斜应按式（6）、式（7）、式（8）计算。

$$\theta = \sqrt{\theta_x^2 + \theta_y^2} \tag{6}$$

$$\theta_x = \frac{b_1 - b_3}{d_0} \tag{7}$$

$$\theta_y = \frac{b_2 - b_4}{d_0} \tag{8}$$

式中　θ——两轴线的实际轴向倾斜，mm；

θ_x——两轴线沿 x 轴的轴向倾斜，mm；

θ_y——两轴线沿 y 轴的轴向倾斜，mm；

$b_1 \sim b_4$——百分表分别在0°、90°、180°、270°四个位置上轴向表读数，mm；

d_0——轴向百分表触头的回转直径，mm。

11. 采用激光对中仪进行轴对中有何特点？

（1）避免计算法和绘图法产生的误差，提高测量精度，最高精度达到0.001mm。

（2）采用激光法找正方法调整同时，实时显示偏差的变化量，实现即时调整。

（3）用于机组冷态对中，可以补偿两个机器设备在热态时的平行偏差和角度偏差。

（4）可以通过打印机输出测量结果，并能制作含有图形和数据的测量报告，实现文件信息化管理。

12. 同轴度偏差较大将对机组产生什么不良影响？

同轴度偏差较大将使机组产生振动、轴系发热，甚至损坏机组，不能稳定运行，严重者将产生破坏性事故。

13. 进行轴对中的目的及意义是什么?

进行轴对中的目的及意义是为了保证两连接轴的同轴度，顺利地传递力矩，延长传动部件的使用寿命。

第六节 灌浆

1. 设备灌浆有哪几种形式?

设备灌浆主要有地脚螺栓孔的一次灌浆和设备底座与基础表面之间的二次灌浆。

2. 设备如何进行一次灌浆?

(1)设备找正、初平后必须在48h内及时对地脚螺栓周边预留螺栓孔灌浆，灌浆时地脚螺栓应全部装在设备上，一台设备的所有地脚螺栓必须一次灌浆完，在灌浆过程中应捣实地脚螺栓孔内的混凝土。

(2)设备一次灌浆时应注意保证地脚螺栓的垂直度，一次灌浆与设备基础灌平即可，避免流出污染设备基础，建议采用无收缩混凝土灌注。

3. 一次灌浆应符合什么要求?

(1)一次灌浆前，应将预留孔内积水及杂物清理干净，并将灌浆处清洗洁净。

(2)灌浆宜采用细碎石混凝土，其强度应比基础高一级，也可采用灌浆料。

(3)灌浆时应捣实，并不得使地脚螺栓倾斜或是机器设备产生位移。

4. 一次灌浆、二次灌浆应在什么时间进行?

一次灌浆应在机器初找正、找平后进行；二次灌浆应在隐蔽工程检查合格，机器的最终找正，找平合格后24h内进行。

5. 二次灌浆的作用是什么?

一方面可以固定垫铁，另一方面可以承受设备的负荷。

6. 设备二次灌浆时应注意的事项有哪些?

(1)设备二次灌浆时，应从一侧或相邻的两侧多点进行灌浆，直至从另一侧溢出为止，以利于灌浆过程中的排气。

(2)灌浆开始后，必须连续进行，不能间断，并尽可能缩短灌浆时间，在灌浆过程中严禁振捣。

(3)设备基础灌浆完毕后，应在灌浆3~6h后用抹刀将灌浆层表面抹光。

7. 带锚板的地脚螺栓孔灌浆时应符合哪些要求?

(1)锚板应与基础底面平行并紧密接触，保证砂浆不外流和地脚螺栓垂直。

(2)填充砂应干燥。

8. 座浆法施工有哪些技术要求?

(1)机器就位之前，在放置正式垫铁组位置凿出比垫铁长宽略大的方坑，然后先用水冲净放置垫铁组位置的基础表面，并清除积水。

(2)在放置垫铁位置上堆放砂浆，然后放上垫铁组，使其顶面水平度的允许偏差为2mm/m，顶面标高与机器底面实际安装标高相符，允许偏差为±2mm。

(3)将垫铁四周的砂浆抹成45°光坡后进行养护。

(4)当达到设计强度的75%以上时，再将机器就位，并用垫铁组调平。

第七节　润滑系统

1. 油润滑的原理是什么？

由边界油膜加流动油膜而形成的油膜将两个摩擦的金属面完全隔开，将原来两个金属面之间的摩擦变成润滑分子之间的摩擦，从而降低了摩擦，减少了磨损，起到了润滑作用，如图 2-3-4 所示。

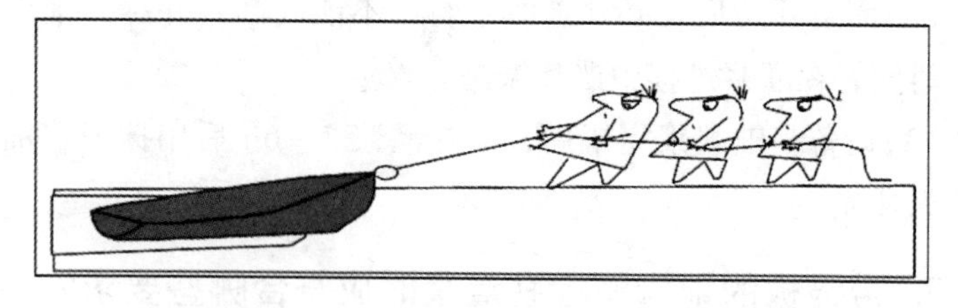

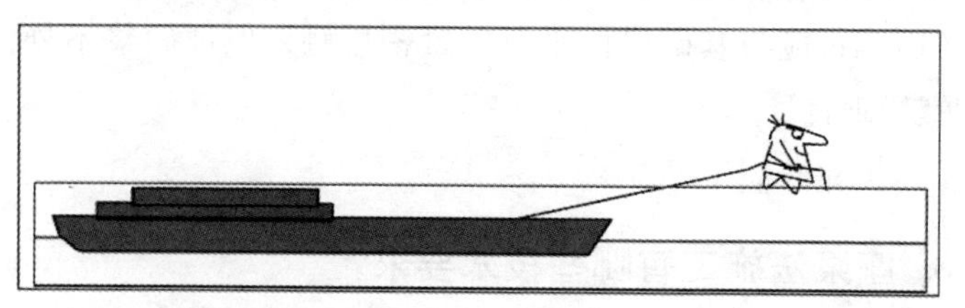

润滑的原理是给滑动的负荷提供一个减摩的油膜

图 2-3-4　油润滑的原理

2. 润滑油的作用是什么？

润滑油是用在各种类型机械上以减少摩擦，保护机械及加工件的液体润滑剂，主要起润滑、冷却、防锈、清洁、密封和减振等作用。

3. ISO VG46 润滑油的主要指标有哪些？

(1)运动黏度：41.4～50.6mm^2/s；

(2)黏度指数：≥90；倾点：≤－7℃；闪点：≥180℃；酸值：0.02mg KOH/g；机械杂质：无；水分：无。

4. 如何正确选用润滑油？

(1)工作温度低宜选用黏度低的，温度高宜选用黏度高的润滑油。

(2)负荷大，油的黏度要大以保证油膜不宜破坏。

(3)运动速度快，宜选用黏度低的油，减少摩擦力，降低动力消耗。

(4)摩擦表面的间隙小，油的黏度要低，以保证容易流入。

5. 机组启动前油温为什么必须达到规定值？

因为润滑油的基础油都含有蜡质结晶，加热到规定值的目的就是破坏蜡质结晶结构，使其均匀的分散在润滑油中，否则将无法达到润滑效果。

6. 压缩机组的润滑油压急剧下降的原因有哪些？

(1)齿轮油泵间隙太大。

(2)油管破裂或连接法兰有泄漏现象。

(3)滤油器堵塞。

(4)油箱油量不足。

(5)油泵吸入管道漏气。

7. 机泵有哪些润滑部位？

离心泵、旋涡泵的润滑部位主要是轴承箱内轴和轴承。电动往复泵的主要润滑部位是传动系统齿轮主轴轴承、曲轴支承轴瓦、曲轴连杆的注油孔、减速箱内的蜗轮蜗杆。

8. 油温控制的高低对机组会有什么影响?

油温低时黏度大、油膜厚、承载能力强，但流动性能差，可能造成轴承的半干磨擦而出事故；油温太高、黏度小、承载能力低，带不走磨擦热，也会影响轴承工作。

9. 油箱为什么要充氮保护?

避免热油和空气接触而氧化变质。

10. 机组油管采用槽式酸洗法有哪些步骤?

脱脂→水冲洗→酸洗→水冲洗→中和→钝化→水冲洗→干燥→喷防锈油→封口。

11. 机组油系统管道采用循环酸洗法进行酸洗时有哪些技术要求?

(1)回路的构成，应是所有管道内壁全部接触酸液。

(2)酸洗时应将管内空气排尽，酸洗后应将溶液排尽。

(3)酸洗后应在酸洗回路中通入中和液，并使出口溶液不呈酸性为止。

(4)可采用将脱脂、酸洗、中和、钝化四个工序合一的清洗液进行管道酸洗。

12. 机组油系统、密封系统管道的安装有哪些特殊要求?

(1)油系统、密封系统管道焊接应采用氩弧打底或氩弧焊焊接，对中低压管道宜采用对接焊式管件，焊前管口部位应打磨光滑，焊后管内应清理干净无异物；安装平焊法兰时，内、外口均应施焊，并对内焊口进行打磨处理。

(2)润滑油系统的水平部分回油管管道，应坡向油箱方向，其坡度应不小于25/1000。

(3)油系统和密封系统管道应进行酸洗钝化处理，处理后应及时干燥，采取措施防止污染；酸洗钝化应在试压合格后进行。

第八节 试车

1. 机器试运转前应做好哪些准备工作？

(1)编制审定试运转方案。

(2)准备能源、介质、材料、工机具、检测仪器等。

(3)布置必要的消防设施和安全防护设施及用具。

(4)机器入口处按规定装设过滤网(器)。

(5)按设计文件要求加注试运转用润滑油(脂)。

2. 设备试运转一般包括哪些步骤？

无负荷→负荷→单机→联动。

3. 机器单机试运转所采用的介质应符合哪些要求？

(1)以水为介质进行试运转所需功率不得超过额定数值。

(2)以空气或氮气为介质进行的试运转，所需功率和压缩后的温差不得超过额定数值。

(3)超过额定数值时应调整运转参数或采用规定的介质进行试运转。

(4)在高温或低温条件下工作的机器，启动前必须按机器技术文件的要求预热或预冷，与机器连接的高温或低温管道的螺栓必须进行热紧或冷紧。

4. 电动机振动过大的常见因素主要有哪些？

(1)机泵不同心。

(2)联轴器螺丝松动或减震胶圈破碎。

(3)电机基础松动或地脚螺栓松动。

(4)电机转子失去平衡。

(5)电机转子扫膛。

(6)轴承或轴瓦损坏。

(7)电机底座有软角现象。

5. 轴承温度过高的主要原因有什么？

(1)润滑油进油量不足。主要原因有：①油泵发生故障；②轴承进油管路堵塞；③轴承进油管节流孔板直径过小；④油箱油位过低，而使油泵吸油量不足等。

(2)进油温度过高。造成进油温度过高的主要原因是油冷却系统工作不正常所致，如①冷却水不足或中断；②冷却器管路堵塞；③冷却水温度过高等。

(3)润滑油油质不良，如油中混入杂质进入轴瓦等。

(4)轴承外壳的过度受热而变形，造成轴颈与轴瓦的接触面受力不均匀等。

(5)轴瓦间隙过小。

(6)轴瓦与轴颈接触不良。

(7)推力轴承承受过大的轴向力。

6. 哪种泵启动前必须打开出口阀？

容积式泵在启动前必须打开出口阀。

7. 机器单机试运转结束后应及时完成哪些工作？

(1)断开电源及其他动力来源。

(2)卸掉各系统中的压力及负荷，进行排气、排水或排污。

(3)检查各紧固件。

(4)拆除临时管道及设备(或设施)，将正式管道进行复位安装。

(5)低温机泵用水试运转结束后，必须进行干燥处理。

(6)检测机器设备单机试运转系统各阀门开关，应在规定状态。

(7)整理试运转的各项记录。

第九节　阀门试压

1. 阀门试验一般包含哪些试验?

阀门试验包括壳体试验、密封试验和安全阀、减压阀、疏水阀的调整试验。

2. 阀门试验用压力表有哪些要求?

试验用压力表应鉴定合格并在有效期内使用，精度不低于1.5级，表的满刻度值宜为最大被测压力的1.5~2倍；现场自制试验系统的压力表不应少于2块，并分别安装在储罐、设备及被试验的阀门进口处。

3. 阀门试验所用的试压泵应满足哪些要求?

试压泵的使用性能应良好，升压稳定，操作灵活，应定期检查使用的可靠性。

4. 阀门的外观检查一般有哪些检查项?

(1)阀门到货时的开闭位置检查确认。

(2)阀门不得有损伤、缺件、腐蚀、铭牌脱落等现象，且阀体内不得有脏污。

(3)阀体为铸件时其表面应光滑平整、无裂纹、缩孔、砂眼、气孔、毛刺等缺陷，阀体为锻件时其表面应无裂纹、夹层、重皮、斑疤、缺肩等缺陷。

(4)阀门法兰的加工尺寸及加工精度应符合技术文件规定，密封面不得有影响密封的缺陷。

5. 阀门壳体试验的操作步骤是什么？

封闭阀门的进出各端口，阀门开启 1/3～2/3 之间，向阀门壳体内充入试验介质，打开排气阀门排净阀腔内的空气（试验介质为液体），加压到试验压力的 50% 应无泄漏；然后加压到试验压力并保压（保压时间按规定执行），检查壳体各处的密封情况（包括阀体、阀盖连接法兰、填料箱等各连接处）。

6. 阀门试验的保压时间如何确定？

阀门试验保压时间如表 2-3-1 所示。

表 2-3-1　阀门试压保压时间　s

阀门公称尺寸		保持试验压力最短持续时间[a]			
DN	*NPS*	壳体试验	上密封试验	密封试验	
				止回阀	其他阀门
≤50	≤2	15	15	60	15
65～150	2.5～6	60	60	60	60
200～300	8～12	120	60	60	120
≥350	≥14	300	60	120	120

[a]保持压力最短持续时间是指阀门内试验介质压力升至规定值后，保持该试验压力的最少时间。

7. 阀门的密封试验包括哪些试验？

阀门的密封试验包括上密封试验、高压密封试验和低压密封试验。

8. 阀门密封试验的压力及试验介质一般如何确定？

阀门上密封试验和高压密封试验的试验压力为阀门公称压力的 1.1 倍，低压密封试验压力为 0.6MPa。上密封试验和高压密封试验的试验介质宜为液体介质，低压密封试验介质应使用气体。

9. 如何进行阀门的上密封试验?

封闭阀门的进出口各端，松开填料压盖，将阀门打开使上密封关闭，向阀腔内充入试验介质，逐渐将试验压力加到试验压力，保压时间按规定执行。期间观察阀杆填料处的情况，不允许有可见的泄漏。

10. 阀门密封试验时引入介质与加压方向有哪些要求?

(1)规定了介质流向的阀门(如截止阀等)，应按介质流向引入介质与施加压力。

(2)没有规定介质流向的阀门(如闸阀、球阀、旋塞阀和蝶阀等)，应分别沿每端引入介质和施加压力。

(3)有两个密封副的阀门应向两个密封副之间引入介质和施加压力。

(4)止回阀应在出口端引入介质和施加压力。

11. 安全阀定压后应做哪些工作?

定压后，应打上字头和定压值，装上安全帽并做好铅封及施工记录。

第十节 其他

1. 压缩机按工作原理是如何分类的?

压缩机按工作原理分为容积式压缩机和速度式压缩机两大类。容积式压缩机可分为往复式(活塞式、膜式)压缩机和回转式(滑片式、螺杆式、转子式)压缩机；速度式压缩机可分为轴流式压缩机、离心式压缩机和混流式压缩机。

2. 干气密封的优点是什么？

(1)端面非接触，寿命长，气膜厚度和刚度更大，可靠性更高。

(2)极限速度高，适应各种工况。

(3)密封消耗的功率与密封介质的密度和黏度有很大关系，液体和气体的密度和黏度几乎相差两个数量级，干气密封消耗的功率仅为浮环密封的5%左右，因此说双端面干气密封功耗低，节省能源。

(4)省去了庞大的密封油系统，密封系统总投资比浮环密封低，重量轻，占地面积小。

(5)消除了密封油污染润滑油的可能性。

(6)控制系统比浮环密封简单，运行和维护费用低。

3. 高速旋转的零件为什么要进行平衡？

机器中的旋转件，由于材料密度不匀，本身形状对旋转中心不对称，加工或装配产生误差等原因，造成重心与旋转中心发生偏移，而产生离心力，其方向的旋转呈周期性变化，使旋转中心无法固定，引起机械振动，从而使机器工作精度降低，零件寿命缩短，噪声增大，甚至发生破坏性安全事故，所以高速旋转的零、部件要进行平衡。

4. 转子的静平衡法操作步骤有哪些？

消除转子静不平衡的方法称为静平衡法，静平衡法的步骤如下：

(1)将待平衡的旋转零件装上心轴后，放在平衡支架上。平衡支架的支撑应采用圆柱形或窄棱形。

(2)用手轻推旋转体使其缓慢移动，待自动停止后，在旋转件正下方做记号，重复转动若干次，若所做记号的位置不变，则为不平衡方向。

(3)在与记号相对应部位粘贴一定质量 m 的橡皮泥，使 m 对旋转中心产生的力矩，恰好等于不平衡量 G 对旋转中心产生的力矩，即 $mr = Gl$，此时旋转零件获得平衡。

(4)去掉橡皮泥，在其所在部位加上相当于 m 的重块，或在不平衡处去除一定重量 G。待旋转零件在任意角度均能在支架上停留时，静平衡即告结束。

5. 旋转体的平衡方法有哪些?

(1)静平衡：用以消除零件在径向位置上的偏重。根据偏重总是停留在铅垂方向的最低位置的道理，在棱形、圆柱形或滚轮等平衡架上测定偏重方向和大小，然后在不平衡量的对面加重块进行平衡。

(2)动平衡：是在零件或部件旋转时进行的不平衡偏重产生离心力，而且不平衡偏重产生的离心力形成的力偶矩，消除此不平衡量的工作就叫做动平衡。

6. 转子不平衡引起的振动有哪些特点?

(1)振幅随转速的上升而增加。

(2)振动的频率与转子的旋转频率相同。

(3)振动方向以径向为主。

(4)振动相位常保持一定角度。

7. 整体供货的机器需要解体检查及清洗时，应符合什么条件?

(1)审核机器的装配图，零部件图和说明书，了解机器拆卸解体和装配的技术要求，填写审图记录。

(2)机器拆卸过程中，应及时测量拆卸件与有关零部件的相对位置，尺寸和配合间隙并做出相应的标识和记录。

(3)拆卸解体应按照技术文件规定的方法和步骤进行，并正确使用各种工具。

(4)拆卸的零部件应分类，标识和妥善保管。

(5)拆卸的零部件经清洗，检查合格后，应按技术文件的规定进行装配。

8. 管道与机器连接时应符合哪些要求?

(1)管道与机器在连接前，应在自由状态下，检查配对法兰的平行度和同轴度并符合相关规定。

(2)配对法兰面在自由状态下的间距，以能顺利插入垫片的最小距离为宜。

(3)管道与机器最终连接时，应在联轴器上或机器支脚处，用百分表检测转子轴和机器机体的径向位移，当转速大于6000r/min时，位移$s \leqslant 0.02$mm，当转速小于等于6000r/min时，位移$s \leqslant 0.05$mm。

9. 安装完的成品设备如何进行现场保护?

(1)成套设备上配套的仪表及贵重、易损的仪表、阀门等部件，应在安装前拆除并进行单独标记保管，仪表的安装尽量在系统调试前进行。

(2)设备安装完后，厂房内应设置门锁制度，露天的应设置围挡及硬顶防护，防止施工过程中刮伤或碰伤。

第四章 机泵及风机安装

第一节 离心泵

1. 离心泵的工作原理是什么？

离心泵运转之前泵壳内先要灌满液体，然后原动机通过泵轴带动叶轮旋转，叶片强迫液体随之转动，液体在离心力作用下向四周甩出至蜗壳，再沿排出管流出。与此同时在叶轮入口中心形成低压，于是，在吸入罐液面与泵叶轮入口压力差的推动下，从吸入管吸入罐中的液体流进泵内。这样，泵轴不停地转动，叶轮源源不断地吸入和排出液体，见图2-4-1。

2. 从离心泵的特性曲线上能够表示出离心泵的哪些特征？

(1)从流量-扬程($Q-H$，见图2-4-2)曲线可看出：流量增大时，扬程下降，但变化很小，说明流量不变则泵内的压力稳定，流量变化后，泵的操作压力波动不大，但为了保证泵有足够大的压力，排液量不能任意增大。

(2)从流量-功率($Q-N$)的曲线看出，流量和功率的关系是：功率的消耗随流量的增加而增大，当流量为0时(泵出口阀全关)，则功率消耗最小，故离心泵启动时，必须关闭出口阀，

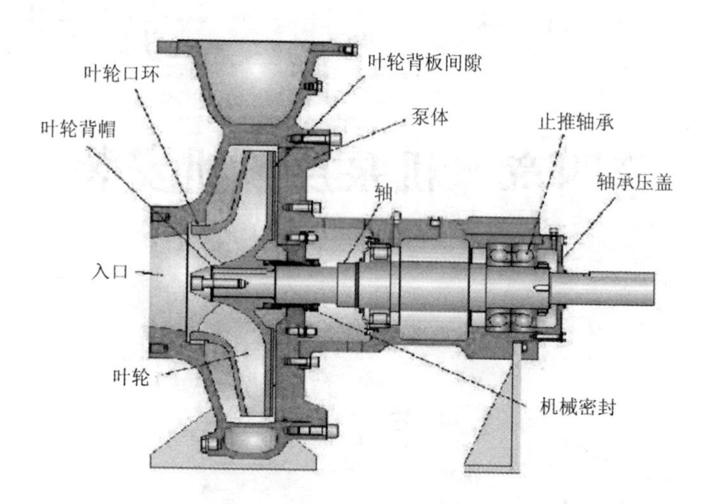

图 2-4-1 离心泵的基本构造

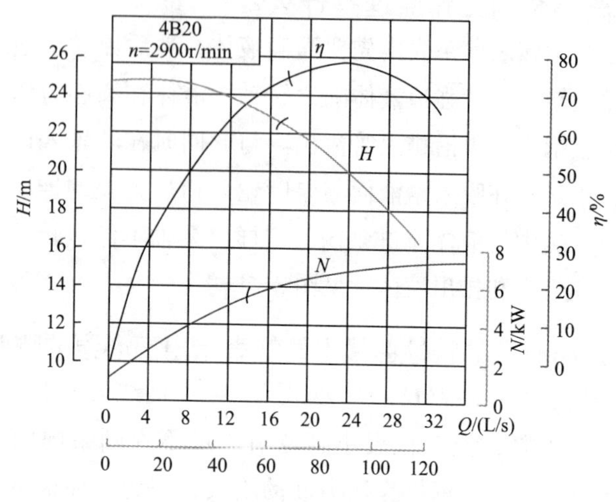

图 2-4-2 离心泵特性曲线图

否则因功率消耗大，往往跳闸或烧坏电机，也增加了机械磨损。

(3)从流量 - 效率($Q-\eta$)的曲线上可以看出曲线有一个效率最高点，这是最佳工况点(即最佳工作情况点)大于或小于这个最高点附近操作，才最经济合理。故和最顶点效率相对应的流量、扬程、功率对选择和使用泵很重要。选泵时应根据各泵的特性曲线上表示出来最佳工况点来选择所需要的泵。

3. 汽蚀对泵有什么危害?

如泵发生汽蚀，会使泵内液体的流动连续性遭到破坏，液流间断，振动和噪声加剧，最后导致泵抽空断流。

4. 发生汽蚀现象的原因有哪些?

(1)吸入罐液面下降或灌注高度不够。

(2)大气压力低。

(3)系统内压力降低。

(4)介质浓度升高，饱和蒸汽压变大，介质容易汽化。

(5)流体流速增加，阻力损失加大。

(6)吸入管路阻力大，这一点主要取决于泵的结构和管路安装是否合理。

(7)吸入管漏气。

5. 怎样防止汽蚀现象发生?

(1)减小几何吸上高度。

(2)减小吸入损失，可以设法增加管径，尽量减小管路长度，弯头和附件等。

(3)防止长时间在大流量下运行。

(4)在同样转速和流量下，采用双吸泵，因减小进口流速、泵不易发生汽蚀。

(5)泵发生汽蚀时，应把流量调小或降速运行。

(6)泵吸水池的情况对泵汽蚀有重要影响。

(7)对于在苛刻条件下运行的泵，为避免汽蚀破坏，可使用耐汽蚀材料。

6. 离心泵功率不变时，其流量与扬程之间是什么关系？

流量(Q)大→扬程(H)小，流量(Q)小→扬程(H)大。即流量增大，扬程降低；反之流量减少，扬程增大。

7. 为什么单级离心泵的轴为刚性轴？

因为如果把单级泵的轴设计成柔性轴时，每次开车和停车，轴都要通过第一临界转速而发生振动，这些振动会使叶轮密封环和填料函、机械密封等加速磨损、泄漏。一般刚性轴的工作转速必须满足$n \leqslant (0.75-0.8)n_c$，其中$n_c$为临界转速。

8. 离心泵机械密封的密封液有哪些作用？

(1)密封作用。

(2)润滑作用。

(3)冷却作用。

(4)冲洗作用。

9. 离心泵机械密封有哪些缺点？

结构复杂，材料品种多，加工工艺较复杂，安装要求较高，修理不便，须将主机部分解体才能装拆。

10. 为什么离心泵在启动时应当关闭出口阀？

因为当流量等于零时，功率最小，因此在离心泵启动时，应当关闭出口阀，这样就可以减少启动电流，保护电机。

11. 高速离心泵的特点有哪些？

(1)高速泵适用于高扬程、小流量的场合。由于叶轮与壳体间隙较大，可以输送含有固体颗粒及高黏度的液体。

(2)高速泵结构紧凑，重量小，体积小，占地面积小，基础工程简单，加工精度要求高，制造上比较困难。

12. 离心泵在工作时为什么会产生轴向推力?

离心泵在工作时，叶轮两侧的液体压力是不同的，叶轮进口一侧的压力较低，而另一侧受到的是从叶轮出口排出的液体压力显然较大，因此叶轮两侧压力的不平衡而产生轴向推力。

13. 离心泵轴向力平衡有几种形式?

(1)单级泵的轴向平衡形式：

①用双吸式叶轮；②开平衡孔；③采用平衡管；④两个单级叶轮背靠背安装。

(2)多级泵的轴向力平衡形式：

①采用叶轮对称布置的平衡方法；

②采用平衡鼓；

③采用平衡盘装置；

④采用平衡盘与平衡鼓组合的平衡装置。

14. 离心泵常用的冲洗方法有哪几种?

机泵的冲洗方法有自冲洗、外冲洗、循环冲洗。

(1)利用泵本身输送的介质经端面密封压盖上的小孔打入密封腔内。与泵内介质混合，称为自冲洗。

(2)由于泵本身输送的介质黏度和重度大，从外面引入较干净的介质注入密封腔，称为外冲洗。

(3)循环冲洗是指从外面引来的冲洗油进入密封腔内，由一根专用管引出，经冷却、过滤后，重新进入密封腔内。

15. 离心泵在小流量情况下运行造成危害有哪些?

(1)泵内液体温度升高。

(2)泵发生振动。

(3)产生噪声。

(4)泵的效率降低，能量消耗增加。

(5)泵长时间在小流量下运行还会使部分液体汽化，吸入液体发生困难。

16. 离心泵的安装工序是什么?

施工准备→设备开箱检验→基础验收→机泵初找→地脚螺栓灌浆、养护→二次找正→垫铁点焊→二次灌浆、养护→解体检查、清洗→同心度找正→单机试运→资料交工。

17. 离心泵的安装有哪些要求?

(1)基础的验收及处理，基础上有明显的中心线和标高线的标记，根据地脚螺栓放好垫铁组，垫铁组的要求和放置符合规范要求。

(2)根据泵底座的几何尺寸，在底座边缘处标出纵横中心线。

(3)将带有电机和泵的公用底座放在基础上，使底座的中心线与基础中心线重合，在泵的法兰口用水平仪找泵的水平度。

(4)泵单体试车前，应对其进行轴对中找正，通过调整电机地脚的薄垫片完成对中找正，同时要控制好端面间隙。对中值和端面间隙与联轴器的规格有直接的关系。

(5)检查机泵的无应力配管是否满足技术要求。

18. 离心泵对轮找正时应注意哪些?

(1)百分表杆是否灵活准确。

(2)百分表杆上下活动几次是否停留在同一位置。

(3)百分表应垂直于半联轴器外圆或端面。

(4)转动时应0°－90°－180°－270°，尽量减少读数误差。

19. 泵就位后如何填写施工记录?

(1)泵位号、泵的名称、安装日期。

(2)中心线偏差。

(3)标高偏差。

(4)地脚螺栓孔深度及孔偏差。

(5)水平度，纵向、横向偏差。

(6)垫铁高度、组数、块数、间距做隐蔽工程记录。

20. 离心泵发生抽空时有哪些特征现象？

(1)出口压力波动较大。

(2)泵振动较大。

(3)机泵有杂音出现。

(4)管线振动并有异声。

(5)压力不够，轴向窜动引起泄漏。

(6)仪表指示有波动。

(7)压力、电流波动很大，无指示。

21. 离心泵泵内有杂音的常见因素有哪些？

(1)轴承无油，少油，干摩擦。

(2)部件损坏，松动，堵塞。

(3)抽空引起。

(4)流量过小。

(5)有杂物进入泵内。

22. 离心泵振动超标的常见原因有哪些？

(1)原机组安装时垫铁及调整垫片选用不当，垫铁过多造成机泵运行一定阶段位置发生偏移。

(2)地脚螺栓松动。

(3)对轮联轴器孔与胶圈结合孔配合过紧，造成强制组合，使其没有自动调整的余地，橡胶圈迅速磨损。

(4)轴承质量差，如轴承座孔与轴承外径配合松动。轴承珠粒及滑道有麻点或轴承上瓦盖紧力不足。

(5)转子质量不平衡。

(6)联轴节与泵轴、叶轮孔与轴的配合间隙过大，或叶轮口环与泵体口环配合间隙过小。

(7)多级离心泵的平衡盘与平衡板磨损严重或材质相同。

(8)泵找正不对中，或主轴弯曲。

(9)泵体的叶轮流道内有杂物。

23. 如何消除离心泵振动超标？

(1)严格执行机泵的安装工艺技术要求、维护维修规程标准，出现事故一定要细致认真分析处理。

(2)设计不合理的支脚，可以采用有效措施加强。

(3)合理选用泵型，使之在良好的工作特性下运行，做到精心操作，不抽空、不带水、不汽蚀等，平稳生产。

(4)确定润滑油牌号正确，按标准加油。

(5)合理设计工艺管线，管线的热胀使泵不受任何影响。

(6)建立机泵振动档案，绘制振动曲线，及时控制超标，认真分析振动原因，找到解决措施。

24. 离心泵首次开泵前为什么要灌泵？

离心泵开泵前不灌泵，泵内有可能存有气体，由于气体的密度小，因此造成泵的吸入压力和排出压力都很低，气体不易排出，液体就无法吸入泵内。所以，离心泵开泵前必须灌泵，使泵内充满液体，避免“气缚”和抽空现象。

25. 离心泵启动时为什么要关闭出口阀？

从离心泵的特性曲线图上我们已经得知，离心泵在其流量为零时，功率消耗最小，而电机由原来的静止状况一下升到工作转速，其启动时的电流(也就是电动机的功率消耗)要比正常运转时大5~7倍，在这种情况下，如果不关闭出口阀，让其增加机械负荷，有可能导致电机跳闸等事故的发生，为了使电机在最低负荷下启动，所以要关闭出口阀。

26. 离心泵叶轮平衡孔堵塞引起的危害是什么?

(1)轴向力不平衡。

(2)增大推力轴承的受力。

(3)加快推力轴承的磨损。

(4)泵的效率下降。

27. 离心泵机械密封泄漏的主要原因有哪些?

(1)动静环的密封端面接触不良。

(2)密封圈的密封性能差。

28. 泵机械密封的装配应符合哪些规定?

(1)机械密封零件不得损坏、变形，密封面不得有裂纹、擦痕等缺陷。

(2)泵组的轴窜量、密封处的径向跳动应符合产品技术文件的规定，当产品技术文件无规定时，轴窜量不大于±0.3mm，径向跳动量不大于±0.02mm。

(3)装配过程中应保持零件清洁，不得有锈蚀，主轴密封装置动、静环端面及密封圈表面等应无异物、灰尘。

(4)机械密封的压缩量应符合产品技术文件的规定。

(5)装配后，应手盘动转子应灵活。

29. 当确定离心泵叶轮中心位置后，可用什么方法使叶轮达到平衡?

(1)去重法。

(2)加重法。

30. 离心泵检修时应对转子的哪些部位进行检查?

(1)泵轴。

(2)叶轮。

(3)平衡盘。

(4)轴套。

31. 离心泵解体步骤有哪些?

(1)拆卸联轴器防护罩。

(2)在联轴器上做好标记，拆联轴器中间短节。

(3)松开密封压盖螺栓，拆卸泵体连接螺栓，吊出泵体及端盖。

(4)拆卸各级密封，吊出泵转子。

(5)检查和清洗各零件，测量各级配合间隙。

32. 单级悬臂式机泵解体步骤?

(1)拆卸冷却水管线。

(2)拆卸联轴器螺栓。

(3)松开电机地脚螺栓。

(4)将电机移位。

(5)卸开后轴承压盖。

(6)测原始记录。

(7)卸开泵体或后轴承结合部取下泵体后盖。

(8)松叶轮螺母，取下叶轮。

(9)卸泵前托架结合部，取下主轴件。

(10)拆滚动轴承。

33. 多级离心泵转子如何进行组装?

(1)叶轮口环外圆对两端支承点的径向跳动;

(2)轴套、挡套平衡盘外圆对轴两端支承点的跳动;

(3)平衡盘的轴向跳动;

(4)必要时测量转子动平衡。

34. 多级离心泵解体检查时有哪些要求?

(1)各部件无锈蚀、污物。

(2)轴、叶轮、密封环、平键、轴套无裂纹及严重磨损。

(3)检查叶轮流道、盖板应完整光滑、口环处完好,各泵壳结合面应平整光滑。

(4)检查转子各部件与主轴配合均无松动现象。

(5)测量转子叶轮、轴套、密封环、平衡盘、轴颈等主要部位的径向和轴向间隙值,应符合技术文件要求,并记录。

(6)测量泵体内各部位配合间隙,应符合技术文件要求,并记录。

(7)测量滑动轴承的径向间隙,应符合技术文件要求;检查滑动轴承紧力,其值应在0.02~0.04mm范围内,并记录。

(8)检查滚动轴承滚珠、滚架无裂纹、麻点、转动灵活,不松动。

(9)滚动轴承的组装,应符合制造厂产品技术文件的规定,无规定时,应符合SH/T 3538的要求;轴承和轴的配合及轴承外圈在轴承座内的径向配合应符合产品技术文件的规定。

(10)装配后,用手盘车灵活,无松紧不均匀现象。

35. 泵轴调直有哪几种方法?

(1)冷直法:用铜棒敲击凸面中心,凸面重敲,四周轻敲,并要缓慢均匀连续。

(2)局部加热法:应注意加热温度比材料临界温度低100℃左右,并应迅速等距,火焰从中心向外旋出,然后从外向中心旋入保持温度均匀。

(3)内应力松驰法:直轴后进行退火处理。

(4)机械直轴法:在凸点加力,使轴超过弹性极限变形后,再取消加力。

36. 泵的主轴窜动量过小如何处理？

对于单级或多级对称平衡式的机泵，其组装窜动量过小，先在后轴承盖上进行调节，若其总窜量过小，可以通过处理定子口环轴向间隙进行调节，必须注意在一般情况下不能处理转子口环端面。

第二节 其他类型泵

1. 齿轮泵油封大量漏油的主要原因有哪些？

(1)装配位置不对。

(2)动、静环密封面损坏。

(3)密封圈损伤。

2. 齿轮泵振动的主要原因有哪些？

(1)泵组轴对中差。

(2)主动齿轮与从动齿轮平行度差。

(3)泵内进入异物。

(4)泵安装标高过高，吸不上介质。

(5)地脚螺栓松动。

(6)轴承损坏或间隙过大。

(7)轴弯曲。

(8)进出口管道泄漏。

(9)齿轮磨损。

(10)键槽损坏或键与键槽配合松动。

3. 齿轮泵留有轴向间隙的主要目的是什么?

主要目的是补偿齿轮和齿轮壳体的热变形。

4. 齿轮泵轴承间隙过大或过小有哪些危害?

(1)会引起振动超标，造成密封泄漏。

(2)轴承温度升高。

(3)产生噪声。

5. 齿轮泵解体检查前有哪些要求?

(1)用着色法检查齿轮泵齿轮啮合面的接触情况，其接触面积沿齿长不少于70%，沿齿高不少于50%。

(2)轴瓦与轴颈的径向间隙应符合产品技术文件的规定，若无规定，应符合SH/T 3538的规定。

(3)齿顶与泵体内壁的径向间隙宜为0.10～0.25mm，并应大于轴颈与轴瓦的径向间隙。

(4)检查、调整泵盖与齿轮两端面的轴向间隙，每侧宜为0.04～0.10mm。

(5)齿轮的啮合间隙应符合表2-4-1的规定。

(6)采用滚动轴承的泵，应检查滚动轴承的轴向游隙、径向游隙和轴向膨胀间隙。

表2-4-1 齿轮的啮合间隙 mm

中心距	啮合间隙
≤50	0.08
51～80	0.10
81～120	0.13
121～200	0.17

6. 齿轮泵检修的要点是什么?

(1)齿轮轴向、径向留有一定间隙，一般规定，齿轮侧面和泵盖侧面总间隙为0.04～0.1mm，齿顶与泵体壳壁间隙为0.1～0.25mm，但必须大于轴颈与轴瓦的间隙。

(2)齿轮啮合面的侧间隙一般为0.15～0.5mm。

(3)为了确保上述要求，如果泵盖或泵体端面不平可进行研磨。另外可用加减垫片调整间隙。

7. 螺杆泵启动时需注意什么?

螺杆泵内必须灌满润滑油，绝对不能关闭出口阀的情况下运行，否则将损坏螺杆而使泵报废。

8. 螺杆泵螺杆被卡的主要原因有哪些?

(1)介质含颗粒。

(2)轴承损坏。

(3)配合间隙小。

9. 螺杆泵泵体发热的主要原因有哪些?

(1)填料密封盘根压得过紧。

(2)轴承磨损。

(3)螺杆与螺杆或与泵体摩擦严重。

10. 螺杆泵流量不足的主要原因有哪些?

(1)泵出口溢流阀密封差，介质回流。

(2)电机转速慢，不符合铭牌要求。

(3)吸入管堵塞。

(4)吸入压力不够。

(5)泵体、吸入管或过滤器泄漏。

(6)螺杆与螺杆或与泵体间隙过大。

11. 螺杆泵振动的主要原因有哪些?

(1)地脚螺栓松动。

(2)泵组轴对中不良。

(3)泵内有空气。

12. 螺杆泵解体与组装的一般步骤有哪些?

(1)拆卸联轴器防护罩的固定螺栓，取下联轴器防护罩。

(2)在联轴器上做好标记，拆卸联轴器螺栓。

(3)松开密封压盖螺栓，取出机械密封。

(4)松开轴承压盖，拆卸轴承。

(5)松开泵体连接螺栓，拆卸主动螺杆、从动螺杆。

(6)检查和清洗各零件，测量各级配合间隙。

(7)按解体检查的相反步骤进行回装。

13. 蒸汽往复泵主要由哪几部分组成?

气缸、联接体、填料箱、液缸。

14. 蒸汽往复泵无法启动的主要原因有哪些?

(1)配汽摇臂销脱落。

(2)活塞落在气缸上。

(3)气缸磨损间隙过大。

(4)填料盘根压得过紧。

(5)气缸活塞环断裂或损坏。

(6)两摇臂同时处于垂直位置，致使错气阀关闭。

(7)气缸内有冷凝水。

(8)蒸汽压力不足。

(9)液缸内有压力或硬物。

(10)进气阀芯折断，阀门不能开启。

(11)排气阀开度小。

15. 柱塞泵解体检查与组装有哪些要求?

(1)对传动箱进行渗漏试验，试验时间应不少于8h，无泄漏现象。

(2)对于采用水冷却的泵缸，其水套应进行强度和严密性试验。

(3)检查各部件无锈蚀、污物。

(4)检查曲轴、十字头、连杆无裂纹及严重磨损。

(5)测量曲轴的轴向窜量，应符合产品技术文件的要求，并做记录。

(6)着色检查填料环，其平面及径向密封均匀接触，接触面积应不小于70%。

(7)测量填料函盖与柱塞之间的间隙，径向间隙应均匀，其允许偏差为0.10mm。

(8)检查各部件配合均无松动现象。

(9)测量滑动轴承的径向间隙，应符合产品技术文件的要求；检查滑动轴承紧力，其值应在0.02~0.04mm范围内，并做记录。

第三节 风机

1. 风机按工作原理可分为哪几类?

风机按工作原理分为叶片式风机和容积式风机；其中叶片式风机又分为离心式风机和轴流式风机，而容积式风机又可分为往复式风机和回转式风机，回转式主要包括叶式风机、罗茨风机及螺杆风机。

2. 风机的主要性能参数有哪些？

流量、压力、气体介质、转速、功率。

3. 按气体出口压力（或升压）风机分哪几类？

按气体出口压力风机主要分为三类：

（1）通风机：排气压力 <15kPa。

（2）鼓风机：排气压力在 15 ~340kPa 以内。

（3）压缩机：排气压力 >340kPa。

4. 轴流风机如何分类？

（1）按材质分类：钢制风机、玻璃钢风机、塑料风机、PP 风机、PVC 风机、镁合金风机、铝风机、不锈钢风机等。

（2）按用途分类：防爆风机、防腐风机、防爆防腐风机、专用轴流风机等。

（3）按使用要求分类：管道式、壁式、岗位式、固定式、防雨防尘式、移动式、电机外置式等。

（4）按安装方式可分为：皮带传动式、电机直联式。

5. 轴流风机叶片产生推力的原理是什么？

当叶轮旋转时，气体从进风口轴向进入叶轮，贝雷梁受到叶轮上叶片的推挤而使气体的能量升高，然后流入导叶。导叶将偏转气流变为轴向流动，同时将气体导入扩压管，进一步将气体动能转换为压力能，最后引入工作管路。

6. 风机的轴封有哪几种主要类型？

风机的轴封主要有迷宫密封、浮环密封、分瓣环密封、机械密封、填料密封类型。

7. 风机的尺寸检查包括哪些内容？

（1）底座尺寸，包括地脚螺栓的尺寸和位置。

(2)维修和装配所需间隙值和尺寸。

(3)现场连接或安装所需的外形尺寸。

8. 风机的开箱检查应符合哪些要求?

(1)应按设备装箱单清点风机的零件、部件、配套件和随机技术文件。

(2)应按设计图样核对叶轮、机壳和其他部位的主要安装尺寸。

(3)风机型号、输送介质、进出口方向(或角度)和压力，应与工程设计要求相符；叶轮旋转方向、定子导流叶片和整流叶片的角度及方向，应符合随机文件的技术规定。

(4)风机外露部分各加工面应无锈蚀；转子的叶轮和轴颈、齿轮的齿面和齿轮轴的轴颈等主要零件、部件应无碰伤和明显的变形。

(5)风机的防锈包装应完好无损；整体出厂的风机，进气口和排气口应有盖板遮盖，且不应有尘土和杂物进入。

(6)外露测振部位表面检查后，应采取保护措施。

9. 整体出厂的轴流通风机的安装应符合哪些要求?

(1)机组的安装水平和铅垂度应在底座和机壳上进行检测，其安装水平偏差和铅垂度偏差均不应大于0.1/1000。

(2)通风机的安装面应平整，与基础或平台应接触良好。

(3)直联型风机的电动机轴心与机壳中心应保持一致；电动机支座下的调整垫片不应超过两层。

10. 离心鼓风机随机文件应规定的风机间隙有哪些?

径向轴承与轴颈的接触面积要求和顶间隙、侧间隙，推力轴承与止推盘的接触要求和轴向间隙，轴承与轴承盖的过盈量，均应符合随机技术文件的规定，不符合规定时，应进行调整。

11. 风机的搬运和吊装，应符合哪些要求?

(1)整体出厂的风机搬运和吊装，绳索不得捆缚在转子和机壳上盖及轴承上盖的吊耳上。

(2)解体出厂的风机搬运和吊装时，绳索的捆缚不得损伤机件表面；转子和齿轮的轴颈、测量振动部位不得作为捆缚部位；转子和机壳的吊装应保持水平。

(3)输送特殊介质的风机转子和机壳内涂有的保护层应妥善保护，不得损伤。

(4)转子和齿轮不应直接放在地上滚动或移动。

12. 具有中间传动轴的轴流通风机机组找正时应符合什么要求?

(1)驱动机为转子穿心电动机时，应确定磁力中心位置，并应计算且留出中间轴的热膨胀量和联轴器的轴向间隙后，再确定两轴之间的距离。

(2)检测同轴度时，应转动机组的轴系，每隔90°分别检测中间轴两端、每对半联轴器两端面之间四个位置的间隙差，其差值应控制在图2-4-3所示的范围内。

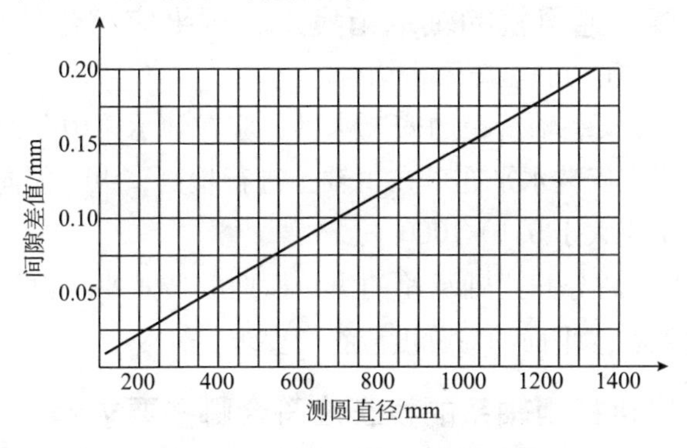

图2-4-3 半联轴器的两端面间隙差值

13. 离心通风机机壳组装时应如何调整找正？

离心通风机机壳组装时，应以转子轴线为基准找正机壳的位置；机壳进风口或密封圈与叶轮进口圈的轴向重叠长度和径向间隙(图2-4-4)，应调整到随机技术文件规定的范围内，并应使机壳后侧板轴孔与主轴同轴，并不得碰刮；无规定时，轴向重叠长度应为叶轮外径的8‰~12‰；径向间隙沿圆周应均匀，其单侧间隙值应为叶轮外径的1.5‰~4‰。

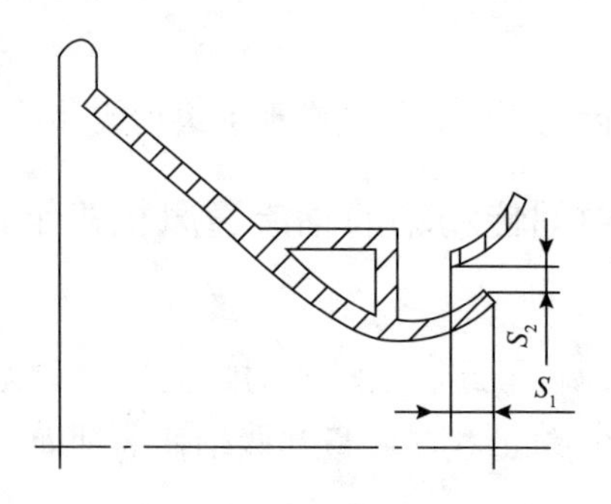

图2-4-4　机壳进风口或密封圈与叶轮进口圈之间的安装尺寸

S_1—机壳进风口或密封圈与叶轮进口圈的轴向重叠长度；

S_2—机壳进风口或密封圈与叶轮之间的径向间隙

14. 离心通风机的轴承箱找正、调平应符合什么要求？

(1)轴承箱与底座应紧密结合。

(2)整体安装轴承箱的安装水平，应在轴承箱中分面上进行检测，其纵向安装水平亦可在主轴上进行检测，纵、横向安装水平偏差均不应大于0.10/1000。

(3)左、右分开式轴承箱的纵、横向安装水平，以及轴承孔对主轴轴线在水平面的对称度应符合要求。

15. 风机机组轴系的找正应符合哪些要求？

(1)应选择位于轴系中间的或质量大、安装难度大的机器作为基准机器进行调平。

(2)非基准机器应以基准机器为基准找正、调平，并应使机组轴系在运行时成为两端扬度相当的连续平滑曲线。

(3)机组轴系的最终找正应以实际转子通过联轴器进行，并应符合以上要求。

16. 风机在安装中除了验收规范的要求还应特别注意的要求有哪些?

(1)风机的进气、排气系统的管路、大型阀件、调节装置、冷却装置和润滑油系统等管路，应有单独的支承，并应与基础或其他建筑物连接牢固，与风机机壳相连时不得将外力施加在风机机壳上。连接后应复测机组的安装水平和主要间隙，并应符合随机技术文件的规定。

(2)与风机进气口和排气口法兰相连的直管段上，不得有阻碍热胀冷缩的固定支承。

(3)各管路与风机连接时，法兰面应对中并平行。

(4)气路系统中补偿器的安装应符合随机技术文件的规定。

17. 风机试运转前应符合什么要求?

(1)轴承箱和油箱应经清洗洁净、检查合格后，加注润滑油；加注润滑油的规格、数量应符合随机技术文件的规定。

(2)驱动机器的转向应符合随机技术文件的要求。

(3)盘动风机转子，不得有摩擦的碰刮。

(4)润滑系统和液压控制系统工作应正常。

(5)冷却水系统供水应正常。

(6)风机的安全和联锁报警与停机控制系统应经模拟试验合格。

(7)机组各辅助设备应按随机技术文件的规定进行单机试运

转，且应合格。

(8)传动装置的外露部分、直接通大气的进口，其防护罩(网)应安装完毕。

(9)主机的进气管和与其连接的有关设备应清扫洁净。

18. 轴流鼓风机在运转中应符合哪些技术要求?

(1)冷却水的流量和压力，不应低于最低值。

(2)冷却器出口温度，不应高于规定的最高温度值。

(3)轴承节流圈前的油压，不应低于最低值。

(4)润滑油过滤器进、出口的压力差，不应超过规定值。

(5)放风阀和旁通阀在喘振出现前应及时、正确地开启；在未测定和整定防喘振曲线前，不得靠近性能曲线上的喘振区运行。

(6)轴承温度和轴承的排油温度，应符合规范要求。

(7)轴承振动速度有效值，不应超过最高速度。

(8)风机运转速度，不应超过最高速度。

第五章 往复式压缩机安装

1. 往复式压缩机一个工作冲程内包含哪四个工作阶段?

膨胀、吸入、压缩和排出四个工作阶段。

2. 往复式压缩机气体压缩过程属于哪类气体压缩过程? 其有何特点?

(1)气体压缩过程有三种:等温压缩过程、绝热压缩过程及多变压缩过程。往复式压缩机气体的压缩过程为多变压缩过程。

(2)多变压缩过程:在压缩气体过程中,既不完全等温,也不完全绝热的过程,称为多变压缩过程。这种过程介于等温过程和绝热过程之间。实际生产中气体的压缩过程均属多变压缩过程。

(3)图 2-5-1 所示是气体在上述三种情况下的压缩曲线。其中曲线 BC 表示绝热过程,称为绝热曲线;位于曲线 BC_1,表示在实际情况下的气体压缩过程,称为多变曲线;位于曲线 BC_2 表示气体在温度不变情况下的压缩过程,称为等温曲线。

3. 为什么气缸必须留有余隙?

(1)压缩气体时,气体中可能有部分蒸汽凝结下来。液体是不可压缩的,如果气缸中不留余隙,则压缩机不可避免地会遭到损坏。因此,在压缩机气缸中必须留有余隙。

(2)余隙存在以及残留在余隙容积内的气体可以起到气垫作

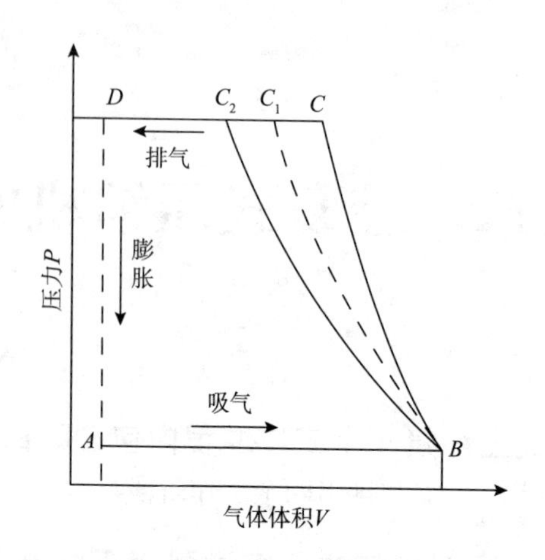

图 2-5-1　气体压缩曲线

BC – 绝热曲线；BC_1 – 多变曲线；BC_2 – 等温曲线

用，也不会使活塞与气缸盖发生撞击而损坏。同时，为了装配和调节的需要，在气缸盖与处于死点位置的活塞之间也必须留有一定的余隙。

(3)压缩机上装有气阀，在气阀与气缸之间以及阀座本身的气道上都会有活塞赶不尽的余气，这些余气可以减缓气体对进出口气阀的冲击作用，同时也减缓了阀片对阀座及升程限制器(阀盖)的冲击作用。

(4)由于金属的热膨胀，活塞杆、连杆在工作中，随着温度升高会发生膨胀而伸长。气缸中留有余隙就能给压缩机的装配、操作和安全使用带来很多好处，但余隙留得过大，不仅没有好处，反而对压缩机的工作带来不好的影响。所以，在一般情况下，所留压缩机气缸的余隙容积约为气缸工作部分体积的3%～8%，而对压力较高、直径较小的压缩机气缸，所留的余隙容积通常为5%～12%。

4. 排气量调节方法有哪些?

(1)顶阀器调节。

(2)余隙容积调节。

(3)吸排气管路旁路调节。

5. 气阀的主要作用是什么?

气阀的作用是控制气体及时吸入与排出。

6. 往复式压缩机气阀主要有哪些型式?

气阀型式主要有环状阀、网状阀、蝶形阀、条状阀、组合阀、多层环状阀等。

7. 往复式压缩机带锚板的地脚螺栓安装时应符合哪些要求?

(1)地脚螺栓的光杆部分及锚板应刷防锈漆。

(2)锚板与基础表面应接触均匀,接触面积不得小于75%。

(3)用螺母托着的钢制锚板,锚板与螺母之间应定位焊固定或采取其他防松措施。

(4)当锚板直接焊在地脚螺栓上时,其角焊缝高度不小于螺杆直径的1/2。

8. 机身安装前应进行哪些检查确认工作?

(1)机身就位前,应进行煤油试漏检查,煤油浸泡时间不得少于4h,检查合格后,应将底面的白垩粉清除干净。

(2)对采用网格形结构的机身底部,应将网格形空间用水泥砂浆填充。

9. 调整机身(含中体)水平时有哪些注意事项?

(1)机身列向水平度在中体划到前、中、后三点位置上测量;轴向水平度在机身轴承座孔处测量,均以两端数据为准,中间供参考。

(2)机身的列向及轴向水平度均不得超过0.05mm/m。

(3)机身的列向水平度应根据各列的水平度综合考虑调整，宜高向气缸端。

(4)轴向水平度的倾向，对于电动机采用悬挂式或单独立轴承的，在规定范围内宜高向驱动端；对于电动机采用双独立轴承的，在规定范围内宜高向非驱动端。

(5)对于机身分布在电动机两侧的往复式压缩机，宜以电动机为基准进行安装找正。

10. 曲轴、轴承安装前应进行哪些检查？

(1)曲轴和轴承上的油污、防护油和铁锈等异物清理干净，油路应清洁畅通，曲轴的堵油螺塞和平衡块的锁紧装置应紧固。

(2)轴瓦的合金层与瓦块应紧密结合，不得有脱壳；合金层表面不应有裂纹、孔洞、重皮、夹渣等缺陷。

11. 用"涂色法"检查轴瓦外圆衬背与轴承座的贴合度有哪些要求？

(1)轴瓦外径小于或等于200mm时，不应小于衬背面积的85%。

(2)轴瓦外径大于200mm时，不应小于衬背面积的70%。

(3)存在不贴合的表面应呈分散分布，其中最大集中面积不应大于衬背面积的10%，且0.02mm塞尺不入为合格。

12. 曲轴安装就位后，应进行哪些项目检查？

往复式压缩机曲轴就位后应做曲轴水平度和曲轴臂开度差检查，如图2-5-2、图2-5-3所示。

13. 常用主轴瓦的轴向间隙检测的方法有哪几种？

(1)用塞尺检测。

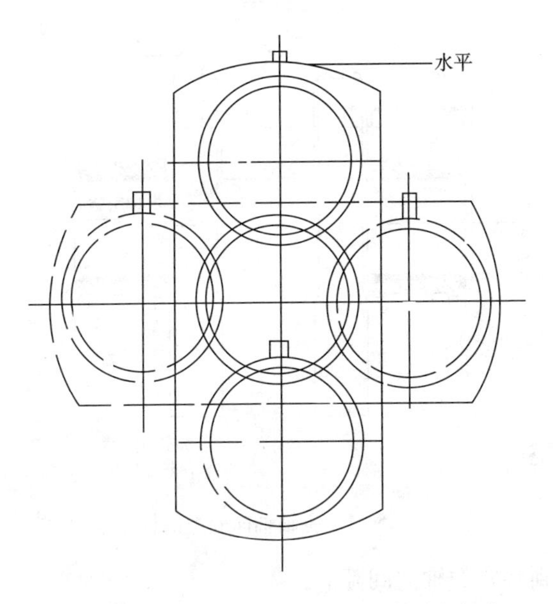

图 2-5-2 测定曲轴颈各方位的水平度方法

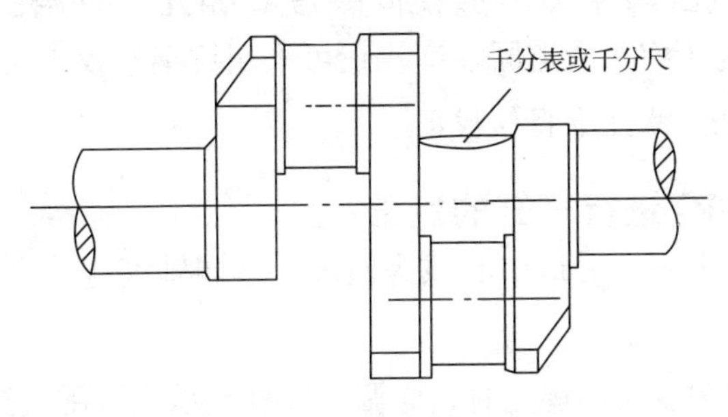

图 2-5-3 曲轴臂开度查检测

(2)用千分表检测：将千分表置于轴的端头，推轴窜动，读出千分表指示的数字，即轴向间隙值，如图 2-5-4 所示。

(3)用专用量规检测：如果止推轴瓦是可调整的，例如装有轴向调整垫片，应按检测结果调整垫片厚度；如果止推轴瓦是不可调整的，则应在仔细查明原因后，重新加工轴瓦端面或补焊瓦

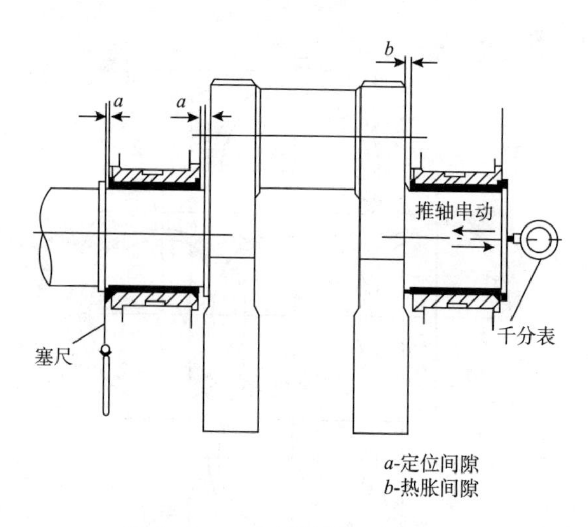

图 2-5-4 主轴轴向间隙的检查

衬，以得到必要的轴向间隙。

14. 气缸与中体滑道找同轴度有哪几种常用的方法？

气缸与十字头滑道同轴度找正可采用拉钢丝找正法、光学准直仪找正法、激光准直仪找正法。

15. 如何进行气缸的找正？

(1)以十字头滑道中心线为基准，其同轴度应符合产品技术文件的规定。

(2)同轴度超出规定时，应调整气缸支承或研刮气缸与接筒、接筒与中体连接处止口面来调整；不得采用加偏垫、螺栓预紧力不均匀或借助其他外力等不正确的方法来调整；处理后的止口应保持均匀接触，接触面积应达60%以上。

(3)气缸水平度在气缸镜面前、中、后三点位置上测量应不大于0.05mm/m，且倾斜方向应与滑道一直(宜高向气缸端盖侧)。

(4)气缸安装完毕后，中体与机身、气缸与中体间均应打上定位销。

16. 如何调整和测量十字头上滑履与机身滑道的间隙?

(1)十字头滑履与机身滑道之间的间隙，是为金属膨胀和容纳润滑油之用。间隙太小，会引起摩擦发热；间隙过大，会引起冲击响声，同时伴有异常发热现象。因此必须选取合适的间隙值。十字头滑道间隙的一般经验数值为：(0.5/1000)D，D 为十字头滑履加工面直径(mm)。

(2)十字头滑履与机身滑道的接触贴合状况可用涂色法检查，接触面积均匀，且不得少于70%，下滑履与下滑道应紧密贴合，不允许存有局部间隙，而上滑履间隙应是均匀分布的，当十字头按工作行程作往复盘动时，在前、中、后部各位置用塞尺从滑板的各个方向插入，检测出的间隙数值应该相等。

17. 如何安装十字头?

(1)检查清洗十字头、连杆，油路应畅通。检查十字头上、下滑板及连杆大头瓦轴承合金的浇铸质量应符合产品技术文件规定。

(2)检查十字头上、下滑板分别与十字头体、滑道的接触面，接触面积应不小于50%，且接触均匀。

(3)十字头滑板与滑道的间隙在全行程的各个位置上，均应符合产品技术文件的规定。

(4)安装十字头时，正反十字头受力面位置不得调向，其中心位置应符合产品技术文件的规定；在下滑道为主承力面时，要求十字头水平中心应偏高于滑道中轴线0.03mm。当上滑道为主承力面时，要求十字头水平中心应偏低于滑道中轴线0.01~0.03mm。十字头体轴线的测定可在与活塞杆组装的端头，如图2-5-5所示。

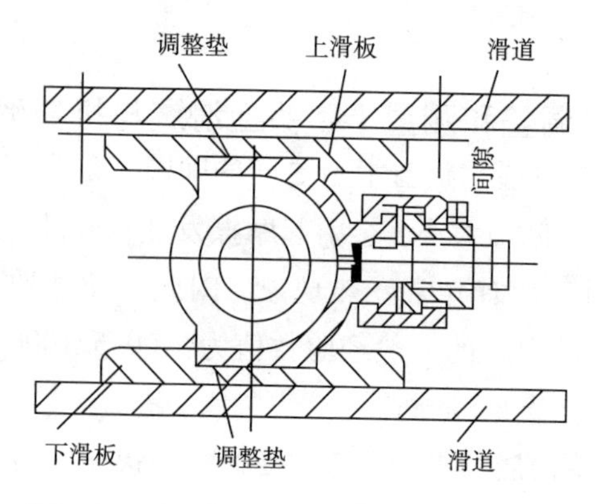

图2-5-5 十字头体轴线的测定方法示图

(5)紧固连杆大头瓦连接螺栓时，应符合产品技术文件给定的伸长量或扭紧力矩，锁紧装置应锁紧牢靠。

18. 连杆及连杆瓦在装配时应注意什么？

(1)连杆大头孔对小头孔的不平行度误差应不大于0.01mm/100mm。

(2)连杆大头孔端面应在同一平面上，杆身中心线的不垂直度应不大于0.02mm/100mm。

(3)在研磨连杆大小瓦时，必须将曲轴及十字头连杆接在一起进行着色刮研，否则会造成连杆大小头瓦互相不平行。

(4)连杆小头瓦与十字头销轴的加工精度及轴向、径向配合间隙应符合产品技术文件的规定，锁紧装置应锁紧牢靠。

19. 填料函安装有哪些注意事项？

(1)填料函应全部拆开清洗和检查，保证无油垢和其他杂物；拆洗前各组填料应在非工作面上做好标识以便回装。

(2)检查各填料环之间、填料盒之间及填料环与填料盒之间是否接触均匀，各接触面面积应不小于80%；填料环与活塞杆的接触面的面积应不小于该组环内圆周面积的70%，且应均匀分布。

(3)组装填料时，每组间密封元件的装配关系及顺序应按产品技术文件“填料函部件”图样中的要求进行对号入座，不得装反。

(4)按产品技术文件要求正确安装各填料密封室，保证注油孔、漏气回收孔、充氮孔及冷却水孔的畅通、清洁。

(5)填料函安装完成后，应按技术文件要求对冷却水套进行水压试验。

(6)填料法兰螺栓的紧固应受力均匀，按产品技术文件要求调整密封环等在密封室的轴向间隙。

(7)在穿活塞杆时严格清理活塞杆与保护套，不得有油污或其他污物对填料函进行二次污染。

20. 刮油器的安装有哪些注意事项?

(1)刮油器安装时注意刮油环刃口方向不得装反，单向刮油环其刃口应朝向机身方向，如图2-5-6所示。

(2)刮油环组与刮油盒端面轴向间隙值应符合产品技术文件的规定，如产品技术文件无规定时，其间隙值一般为0.05~0.10mm。

21. 活塞杆与十字头安装紧固的程序是什么?

(1)将压力体、密封圈、压力活塞、锁紧螺母组装后装入活塞杆尾部与活塞杆台肩靠紧，并将锁紧螺母退至与压力活塞平齐位置。

(2)将调整环旋入定位环上，使其径向孔对准定位环上任一螺孔，并拧入螺钉装于活塞杆尾部。

(3)将止推环(两半)装在活塞杆尾部外端，使用弹簧(或卡

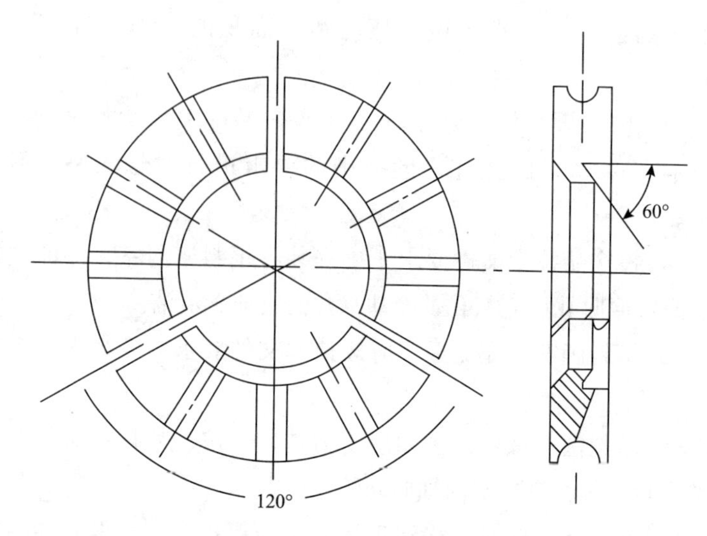

图 2-5-6　单向刮油环

箍)箍住。

(4)盘车使十字头移动将活塞杆尾部引入十字头颈部内，用棒扳手拧动调节环使定位螺母旋入十字头螺纹孔内，直至调节环与十字头颈部端面接触，然后将锁紧螺母旋紧至十字头颈部端面。注意在连接过程中应防止活塞转动。

(5)盘动压缩机，分别用压铅法测量前后止点间隙是否符合技术文件要求。

(6)当前后止点间隙偏差较大时，应重新进行调整，放松锁紧螺母，选出定位螺圈，拆卸定位螺圈上螺钉，按需要的调整方向调整调节环使其开口对准另一螺孔重新拧入螺钉，再次将定位螺圈及锁紧螺母旋紧，并测量活塞止点间隙，直至符合间隙要求。

(7)活塞前后止点间隙合格后，应退出锁紧螺母，将定位螺圈上螺钉拆卸涂上厌氧胶后拧入，最后旋紧锁紧螺母。

22. 怎样测气缸余隙？

(1)气缸余隙的测定方法采用压铅法，铅条最好采用圆形条子，直径一般为余隙的1.5~2倍。

(2)气缸余隙可按压缩机制造厂说明书所规定的数值调整。

(3)测定时，铅条均由气阀孔处人工伸入。对于小直径的气缸余隙一般测单边即可，直径较大的气缸要求两侧同时测定，这样测值较准确。当测定余隙不合适时，可以调整活塞头部与十字头连接处的调整垫片的厚度，也有调整十字头与活塞杆连接处的双螺母或气缸垫片厚度等方法，但第一种是比较合理的方法，如图2-5-7所示。

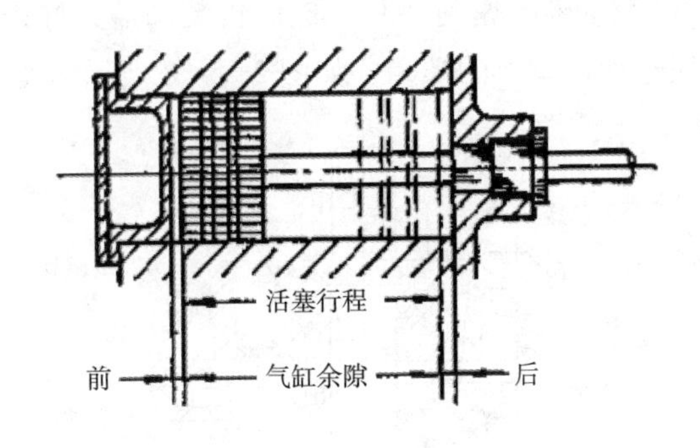

图2-5-7 气缸余隙

23. 怎样检查活塞与气缸的径向间隙？

(1)对于小直径活塞，用卡尺或千分尺测量活塞的外径和气缸内径，其差值就是周隙。

(2)对于大直径活塞，将活塞装在气缸里，用塞尺检测其上、下、左、右的间隙值。

24. 活塞环、支承环的安装有哪些注意事项？

(1)检查活塞外圆表面及活塞环槽端面，不得有擦伤、锐边、凹痕和毛刺等缺陷，活塞环、支承环在槽内应能自由活动，压紧时活塞环应能全部沉入槽内，活塞环有不同切口应交叉装配。

(2)检查活塞环与活塞环槽的轴向间隙，支承环安装在活塞上，检查活塞在气缸内的上、下、左、右径向间隙。

25. 气阀的检查、安装有哪些要点？

(1)清洗气阀组件，检查各气阀组闭合情况和密封情况，阀片动作是否灵敏，不允许有卡滞现象，同一气阀的弹簧在弹簧孔中应无卡住和倾斜现象。

(2)套上阀垫，装入阀腔，此处应注意吸、排气阀在气缸中的正确位置，不得装反。

(3)安装制动器及密封垫片，然后再装阀盖，拧紧连接螺栓，最后拧紧顶丝和顶丝上的螺帽，如图2-5-8所示。

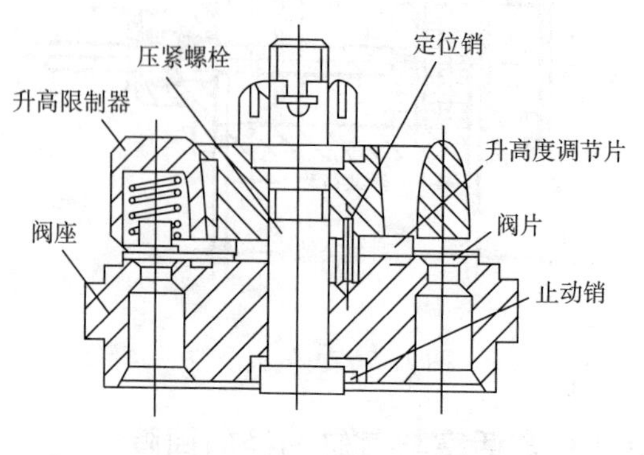

图2-5-8　气阀安装图

26. 主电机球面轴承的检查、安装应符合哪些要求？

(1)轴承背上的绝缘层厚度应均匀，表面应清洁无损伤，厚度及绝缘电阻值应符合产品技术文件的要求。

(2)确保轴承衬背与轴承座孔之间的间隙值为0.02～0.06mm。

(3)用涂色法检查轴承衬背与轴径的接触状况，接触角为

60°~90°，下瓦沿长度方向接触面积应大于75%。

(4)径向轴承间隙用压铅法检查，其值应符合产品技术文件的要求。

(5)油封组装应符合产品技术文件的要求。

27. 如何测量主电机空气间隙?

(1)确定转子外圆上的最大半径点：如图2-5-9所示，在定子上任取一点*A*为测点，将转子磁极按顺序编号，风扇叶片拆下时编上同样编号，并作永久性标记。盘车转动转子，沿着径向分别测出*A*点到转子各磁极的距离，转子上与*A*点距离最小的一点即为*B*点。

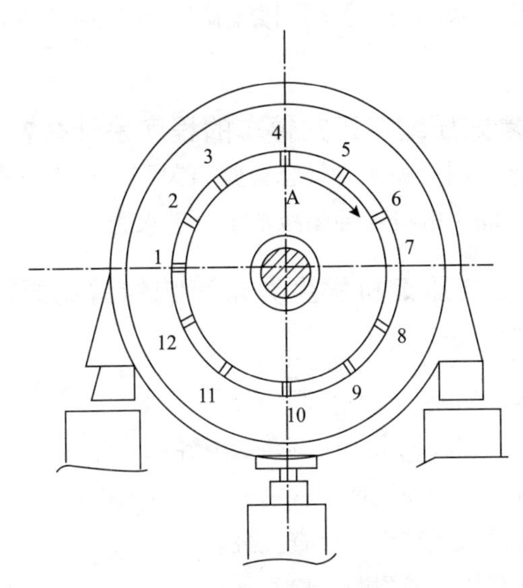

图2-5-9 主电机空气间隙量检测方法

(2)检查定子与转子间空气间隙：如图2-5-9所示，在定子上取12点。以转子上B点为测点，盘车检查B点距定子12点的间隙，当用塞尺检查时塞尺从两边插入的长度应超过磁极宽度的3/4。最大和最小间隙与平均间隙的差值应符合规范要求；

(3)现场所测电动机的空气间隙值应符合产品技术文件的规定；无规定时，空气间隙值偏差应为平均间隙的±5%，轴向定位时，应使定子与转子的磁力中心线对准。

28. 气缸镜面被拉伤超过圆周直径1/4，并有严重的沟槽、台阶，应如何处理？

应做气缸镗孔处理。

29. 往复式压缩机的正常开车程序是什么？

手动油泵→通冷却水→打开回路阀门→盘车2～3转→开主电机→打开排气管阀门→关闭回路阀门，使压缩机进入正常工作状态。

30. 往复式压缩机正常停车的程序是什么？

打开回路阀门→关闭排气总管阀→关闭缸体进气阀门→机器运转3～5min停主电机→关闭冷却水总进水管。

31. 往复式压缩机发生异常声响的常见原因是什么？如何处理？

(1)气阀有故障—检查气阀。

(2)气缸余隙容积太小—调整余隙容积。

(3)润滑油太多或气体中含水多，产生水击现象—检查处理。

(4)异物掉入气缸内—检查气缸。

(5)气缸套松动或裂断—检查气缸。

(6)活塞杆螺母松动—紧固螺母。

(7)连杆螺栓、轴承盖螺栓、十字头螺母松动或断裂—紧固或更换。

(8)主轴承连杆大、小头轴瓦、十字头滑道间隙过大—检查并调整间隙。

(9)曲轴与联轴器有松动—检查处理。

32. 往复式压缩机润滑油压力低的原因有哪些？如何处理？

(1)吸油管不严，内有空气——消漏、排空。

(2)油泵故障或密封泄漏严重——检查。

(3)吸油管堵塞——检查处理。

(4)油箱内润滑油太少——加润滑油。

(5)滤油器太脏——清洗过滤网。

33. 往复式压缩机造成有油润滑气缸过热的常见原因是有哪些？

(1)润滑油量不足。

(2)气缸壁冷却水路不通畅。

(3)气缸镜面拉毛。

(4)活塞环窜气。

34. 引起往复式压缩机轴承温度过高的主要原因有哪些？

(1)轴瓦和轴颈贴合不均匀。

(2)轴瓦间隙过小。

(3)轴承偏斜。

(4)主轴弯曲。

(5)润滑油供给不足。

(6)润滑油油品太脏或变质。

(7)润滑油油压低。

(8)润滑油冷却器冷却效果差，进油轴承温度高。

35. 往复式压缩机运行中吸排气阀有敲击声响的常见原因有哪些？

(1)阀片破碎。

(2)弹簧强度太软或折断。

(3)阀座深入气缸和活塞相碰。

(4)气阀装配时顶丝松动。

(5)气阀的紧固螺栓松动。

(6)阀片的升程过大。

36. 往复式压缩机引起气缸发出异常声响的常见因数有哪些？

(1)气阀有故障或气阀松动。

(2)气缸余隙过小。

(3)气缸内有异物或进入液体。

(4)气缸套松动。

(5)活塞环断裂。

(6)注油器断油。

(7)活塞与活塞杆紧固螺母松动。

37. 往复式压缩机活塞杆过热是什么原因？

(1)活塞杆与填料盒有偏斜，造成局部金属摩擦，进行调整。

(2)填料环的抱紧弹簧过紧，摩擦力大，应适当调整。

(3)填料环轴向间隙过小，应按规定要求调整轴向间隙。

(4)给油量不足，应适当增大油量。

(5)活塞杆与填料环磨合不良，应在配研同时加压磨合。

(6)气和油中混入夹杂物，应进行清洗并保持干净。

(7)活塞杆表面粗糙，应重新磨杆，超精加工。

38. 往复式压缩机填料函漏气过多的常见原因有哪些?

(1)油流不充分，应适当增加给油量。

(2)填料盒组装顺序不合理，应按程序组装。

(3)填料研合不良，应重新研合。

(4)活塞杆表面有划伤(沟痕)，要进行修复(精磨)或更换。

(5)填料盒相互研合不良(接触不好)，应对接触平面重新进行刮研。

(6)填料盒紧固不彻底，应将填料压盖充分紧固。

(7)活塞杆运动轨迹与中心线不平行，应调整中心。

(8)活塞杆下沉，更换托瓦。

(9)弹簧未抱紧，应适当调整。

(10)填料轴向间隙过大，应按标准轴向间隙规定进行调整。

39. 往复式压缩机刮油环漏油是什么原因?

(1)刮油环刃口不好或其内径与活塞杆的外径之间接触不好，使润滑油从刮油环和活塞杆之间的空隙中流出来。因此，刮油环的内径与活塞杆的外径必须进行着色研磨，直到接触面达80%以上为宜。

(2)刮油环端面间隙过大，要适当调整间隙。间隙一般在0.06~0.1mm为宜。

(3)刮油环的抱紧弹簧过松。因刮油环安装在活塞杆上要有一定紧力，使活塞杆在往复行程中与刮油环互相贴在一起，绝不允许有空隙，防止润滑油漏。

(4)活塞杆磨损或呈椭圆及有深沟，应进行修复或更换新轴。

第六章　离心式压缩机安装

1. 著名的离心式压缩机生产商有哪几家?

(1)国外生产商:

①美国有5家:德莱赛兰(DRESSER-RAND)、英格索兰(Ingersoll-rand)、库柏(Cooper)、通用电气动力部(GE,原来的意大利新比隆 Nuovo Pignone 公司)和美国 A-C 压缩机公司;

②日本有7家:日立(Hitachi)、三井、三菱(Mitsubishi)、川崎、石川岛(IHI)、荏原(EBRARA,包括美国埃理奥特 ELLIOTT)和神钢(KObelco);

③德国有2家:西门子工业(原来的德马格-德拉瓦)、盖哈哈-波尔西克(GHH-BORSIG);

④瑞士有1家:苏尔寿(SULZER);

⑤瑞典有1家:阿特拉斯(ATLAS COPCO);

⑥韩国有1家:三星动力。

(2)国内生产商:

①沈阳透平股份有限公司;

②陕鼓动力有限公司;

③锦西化工机械(集团)有限责任公司。

2. 石油化工常见的离心式压缩机按结构特点可分为哪两类?

水平剖分式、垂直剖分式。

3. 离心式压缩机的主要性能参数有哪些?

流量、出口压力、压缩比、功率、效率、转速等。

4. 什么是离心式压缩机的特性曲线图?

为了反映不同工况下压缩机的性能，通常把在一定进气状态下对应各种转速、进气流量与压缩机的排气压强、功率及效率的关系用曲线形式表现出来，这些曲线称为离心式压缩机的特性曲线，如图 2-6-1 所示。

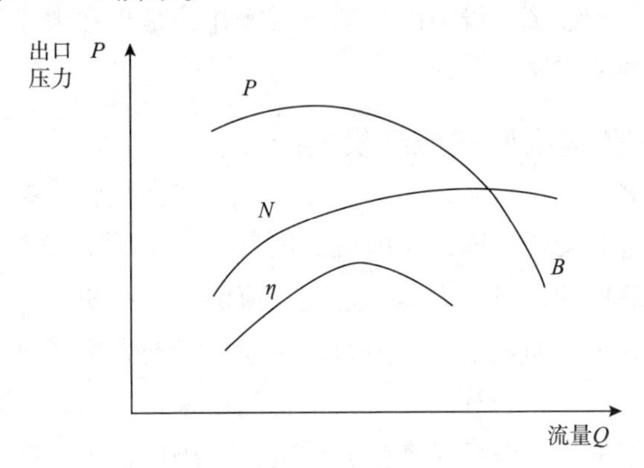

图 2-6-1 压缩机的特性

$P-Q$ 图(压流-流量图)是用来选择离心式气压机，看能否达到使用者要求的操作条件(主要是压力和流量)。$P-Q$ 图可固定允许的最小流量。

$N-Q$ 图(功率-流量图)用来正确选择原动机的功率。

$\eta-Q$ 图(效率-流量图)是用来检验气体使用的是否合理，是否经济、节能。

5. 离心式压缩机流量调节的方法有哪几种?

(1)变转速调节。

(2)出口节流调节。

(3)进口节流调节。

(4)可转动进口导叶调节。

(5)可调节叶片扩压器调节。

6. 什么是透平压缩机的变转速调节法?

对于工业汽轮机、燃气轮机等驱动的压缩机采用变转速调节最方便，压缩机不同转速有与之相应的特性线，变转速调节就是通过改变转速来适应管网的要求。和节流调节方法相比，变转速调节方法比较经济，没有附加的节流操作，是现在大型压缩机经常采用的调节方法。

7. 什么是离心式压缩机的喘振?

当压缩机的进口流量小到足够的时候，会在整个扩压器流道中产生严重的旋转失速，压缩机的出口压力突然下降，使管网的压力比压缩机的出口压力高，迫使气流倒回压缩机，一直到管网压力降到低于压缩机出口压力时，压缩机又向管网供气，压缩机又恢复正常工作；当管网压力又恢复到原来压力时，流量仍小于机组喘振流量，压缩机又产生旋转失速，出口压力下降，管网中的气流又倒流回压缩机。如此周而复始，一会气流输送到管网，一会又倒回到压缩机，使压缩机的流量和出口压力周期的大幅波动，引起压缩机的强烈气流波动，这种现象就叫做压缩机的喘振。一般管网容量大，喘振振幅就大，频率就低，反之，管网容量小，喘振的振幅就小，频率就高。

8. 离心式压缩机喘振的特征有哪些?

(1)压缩机的工况极不稳定，压缩机的出口压力和入口流量周期性的大幅度波动，频率较低，同时平均排气压力值下降。

(2)喘振有强烈的周期性气流声。

(3)机器强烈振动。机体、轴承、管道的振幅急剧增加，由于振动剧烈，轴承润滑条件遭到破坏，损坏轴瓦；转子与定子会产生摩擦、碰撞，密封元件将严重损坏。

9. 防止离心式压缩机喘振的措施有哪些？

(1)防止进气压力低、进气温度高和气体相对分子质量小等。

(2)防止管网堵塞使管网特性改变。

(3)在开、停车过程中，升、降速不可太快，并且先升速后升压和先降压后降速。

(4)开、关防喘阀时平稳、缓慢，关防喘阀时要先低压后高压，开防喘阀时要先高压后低压。

(5)压缩机出现喘振时，首先应全部打开防喘阀，增加压缩机的流量，然后再根据具体情况进行处理。

10. 离心压缩机轴承有几类？各有什么作用？

有支撑轴承(又称径向轴承)和止推轴承两类。

(1)支撑轴承的作用是承受转子重量和其他附加径向力，保持转子转动中心和气缸中心一致，并在一定转速下正常运转。

(2)止推轴承的作用是承受转子的轴向力，限制转子的轴向窜动，保持转子在气缸中的轴向位置。

11. 轴承座与下壳体为整体结构的离心式压缩机的安装顺序是什么？

联合底座加临时垫铁→压缩机转子就位→压缩机轴承中分面和下壳体中分面找水平→检查径向轴承间隙和轴承紧力、测量和调整下壳体气封与转子左、右、底的间隙→测量转子与隔板总窜量→确定转子与隔板的重叠度→测量调整止推轴承位置和间隙→

与驱动机粗找正(调整下壳体猫爪垫片或下壳体立键垫片)→测量上壳体气封与转子顶间隙→联合底座加永久垫铁→精找正→联合底座地脚螺栓灌砂、灌浆→上紧联合底座地脚螺栓→联合底座垫铁点焊→联合底座二次灌浆(抹平)→安装压缩机油管和进出口管线。

12. 压缩机底座就位前应具备哪些条件?

(1)凝汽式汽轮机驱动的压缩机组，凝汽器已就位完毕。

(2)支承板的座浆混凝土强度已达到75%以上。

(3)底座底面的砂土、铁锈、氧化皮和油污等异物已清除干净。

(4)底座上的基准面无损伤、无变形。

(5)底座上各调整螺钉不得有锈死或滑丝现象。

13. 如何选取离心式压缩机找正、找平的基准机器?

(1)汽轮机直接驱动压缩机的机组应以汽轮机作为找正、找平的基准机器。

(2)带齿轮箱的压缩机组应以齿轮箱作为找正、找平的基准机器。

14. 如何进行压缩机底座的找正、找平操作?

(1)首先检查机器底座平板与底脚板5之间是否加有垫片。

(2)如图2-6-2所示，首先将支承块1置于基础上，将调整螺钉2安装在底座板上;

(3)用螺栓4将底脚板5与底座平板固定在一起，并检查两个面的接触情况。

(4)用起重机慢慢地将底座或压缩机(含底座)安放在基础上，用调整螺栓2和地脚螺栓3固定；按安装图要求，调整半联轴器间的距离。

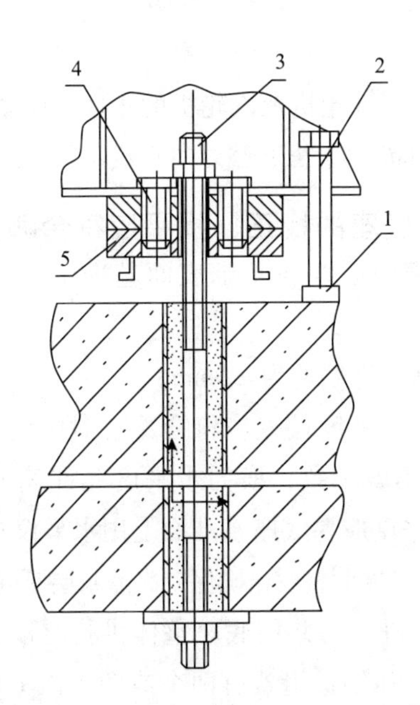

图 2-6-2 离心式压缩机地脚螺栓安装示意图

1—支承块；2—调整螺钉；

3—地脚螺栓；4—底脚板连接螺栓；5—底脚板

(5)用千斤顶或撬杠等调整底座纵横中心线位置；用调整螺栓2调整底座标高满足安装图纸要求。

(6)调节调整螺栓2，在纵、横两个方向仔细找平底座，均匀地调节调整螺栓，使其均匀地承受各自的负荷。

15. 在确定离心式压缩机组各机器的轴端距时，机器各轴的轴向位置如何确定?

(1)带齿轮箱的机组：

①齿型为斜齿的低速轴止推盘应紧贴副止推瓦块；

②齿型为其他齿的低速轴止推盘应放在中间位置；

③高速轴端面与箱体加工面间距应符合产品技术文件的

要求。

(2)压缩机、烟气轮机及汽轮机的止推盘应紧贴主止推瓦块。

(3)电动机的转子应处于磁力中心线位置。

16. 压缩机底座的找正、找平应符合哪些要求?

(1)底座纵横中心线与基础表面基准中心线位置允许偏差为5mm。

(2)底座标高允许偏差为±5mm。

(3)底座纵向水平度偏差应符合冷态对中曲线要求，且偏差的方向应与转子扬度一致；横向水平度允许偏差为0.10mm/m，无方向要求；水平度应在底座基准面上用水平仪检查。

(4)标高和水平度调整后，确保二次灌浆层厚度满足50~70mm;

(5)汽轮机下机壳与共用底座整体供货时以下机壳轴承座孔为基准进行找平，压缩机组若有两个或两个以上底座构成，应以冷态对中曲线中要求保持水平的底座为基准调整其他底座。

17. 离心式压缩机组地脚螺栓孔灌浆应符合哪些要求?

(1)地脚螺栓孔的灌浆应在初对中后进行。

(2)预留孔在灌浆前应进行清理，并用水润湿12h后清除积水及异物，并不得有油污残留。

(3)带锚板的地脚螺栓其预留孔的上、下各100mm处灌浆采用灌浆料，中间部位应填充干砂。

(4)如图2-6-3所示，灌浆前围绕每一底脚板5及其地脚螺栓3做一个坚固的临时模板，模板内壁与底脚板边缘之间至少留出100mm的距离。

(5)按图2-6-3所示，把灌浆料灌进模板内，地脚螺栓孔下部灌满100mm高度后填充干砂，孔上部100mm继续灌入灌浆料；为了避免形成气泡，灌浆过程中要搅动浆料。

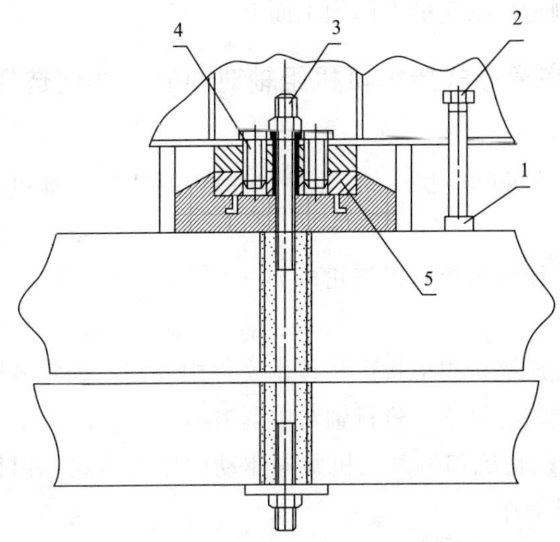

图 2-6-3　离心式压缩机地脚螺栓灌浆示意图

1—支承块；2—调整螺钉；3—地脚螺栓；

4—底脚板连接螺栓；5—底脚板

(6)模板内灌浆高度与底脚板齐平，如图 2-6-3 所示。

(7)地脚螺栓孔内灌浆完毕，终凝后 4h 内开始养护。

18. 如何校准底座或压缩机(含底座)的最终水平度?

(1)当地脚螺栓孔灌浆养护期满后，如图 2-6-3 所示，对称松开调整螺栓 2，卸下底脚板连接螺栓 4，对称均匀地拧紧地脚螺栓 3。

(2)重新检查找平：用调整底脚板 5 和底平板之间的垫片厚度进行最后校准。

19. 如何选取离心式压缩机的水平测量基准点?

(1)纵向水平测点可选在轴承座孔、轴颈或制造厂给定的专门加工面上。

(2)横向水平测点可选在机体中分面(水平剖分式)、轴承座中分面或制造厂给定的专门加工面上。

20. 在离心式压缩机机组轴对中时，如何选择对中基准机器？

(1)汽轮机单独驱动的压缩机组对中时选择基准机器应符合下列要求：

①单缸压缩机组应以汽轮机为基准，进行压缩机与汽轮机的轴对中；

②多缸压缩机组应按产品技术文件中规定，确定各缸的对中次序，依次将各缸逐一进行轴对中调整。

(2)由汽轮机和烟气轮机共同驱动的压缩机组应以压缩机为基准进行轴对中。

(3)由电动机单独驱动的以及由电动机和烟气轮机共同驱动的压缩机组应以齿轮箱为基准进行轴对中。

21. 离心式压缩机二次灌浆有哪些特殊要求？

(1)机组二次灌浆应在机组对中后24h内进行，若超过24h应复测对中。

(2)二次灌浆养护期满后，在底座地脚螺栓附近及各联轴器上放置百分表，松开底座上的调整螺钉并均匀地拧紧地脚螺栓，底座处百分表变化不得超过0.05mm，联轴器处百分表变化不得超过0.03mm。

22. 离心式压缩机推力轴承的安装有哪些要求？

(1)推力瓦块的接触面应均匀。

(2)推力盘承力面与推力瓦块的接触面积应不小于瓦块总面积与油楔面积之差的75%。

(3)埋入轴承的测温热电阻接线应牢靠，位置应正确。

(4)推力瓦块应按出厂标识组装。

23. 用压铅法检测轴承径向间隙，铅丝如何选择？

用压铅法检测离心式压缩机径向滑动轴承顶间隙时，所测得的数据一般会比实际间隙值稍偏大，一般选用顶间隙1.5～2倍的铅丝。

24. 测量离心式压缩机轴颈的圆柱度和圆度时允许偏差应为多少？

允许偏差应不大于0.02mm。

25. 离心式压缩机推力轴承的轴向间隙如何调整？

离心式压缩机推力轴承的轴向间隙可通过调整推力轴承调整垫片的厚度来实现。

26. 离心式压缩机轴承盖的安装应符合哪些要求？

(1)用压铅法测量轴承盖与轴承环或轴瓦壳体的过盈量或间隙值，应符合产品技术文件的规定。

(2)轴承座孔和轴承箱内应清洁无杂物，全部零部件组装齐全。

(3)仪表元件安装调整完毕，螺栓拧紧并锁牢。

(4)轴承箱、油封水平剖分面处安装时应涂抹密封胶。

27. 干气密封安装前检查的内容有哪些？

(1)动、静环之间应能自由转动。

(2)弹簧无缺陷且弹性正常。

(3)干气系统管道已施工完并清洁，无杂物、油污。

(4)密封经过的腔体及轴的边缘无倒角、毛刺及划痕等缺陷。

(5)检查O形圈外观，不得有断裂、划痕等缺陷。

28. 干气密封的安装应符合哪些要求？

(1)检查干气密封组件，方向正确。

(2)用专用工具将密封装到轴上，确保密封、转子上的两条参考线在同一铅垂面内。

(3)安装干气密封时，不得在转子两端同时安装。

(4)待密封装到位后拆去螺杆、安装板、安装盘及卡环。

(5)将锁紧螺母装入轴端并旋紧。

(6)整个安装过程采用专用工具进行安装，且不能见油。

29. 离心式压缩机转子正常运行时轴向位置由什么决定?

转子正常运行时轴向位置由主推力瓦块工作面决定。

30. 水平剖分式压缩机气缸螺栓紧固力矩不足或紧固顺序不正确造成什么后果?

会造成气缸水平剖分面泄漏。

31. 离心式压缩机出口流量低的主要原因有哪些?

(1)密封间隙过大。

(2)静密封点泄漏。

(3)进气管道上气体除尘器堵塞。

(4)介质温度过高。

32. 离心式压缩机在运转过程中出现的常见故障有哪些?

(1)转动部分与固定部分之间的摩擦。

(2)整机或某一部分振动过大。

(3)轴承温度过高。

(4)转子轴向位移过大；止推轴承轴向力过大。

(5)高压压缩机的轴封漏气。

(6)叶轮或转子的损坏等。

33. 离心式压缩机推力轴承损坏的主要原因是什么?

推力轴承损坏的主要原因是转子轴向力过大和润滑油量少而

造成的。

34. 离心式压缩机是否可以长期低速盘车？

不可以，离心式压缩机长期低速盘车，将会损坏径向轴承。

35. 引起离心式压缩机组轴承温度过高的原因有哪些？

（1）油压低，进油量小。

（2）轴承间隙过小或不均匀。

（3）轴承进油温度高。

（4）润滑油带水或变质。

（5）机组剧烈振动。

（6）轴承侵入灰尘或杂质。

（7）转子不平衡。

（8）轴对中偏差大。

36. 引起离心式压缩机油系统压力下降的原因有哪些？

（1）主油泵故障。

（2）油管或油过滤器堵塞。

（3）油压调节阀失灵。

（4）油冷却器管束破损或胀口泄漏。

（5）轴承损坏。

（6）轴承温度突然升高。

（7）润滑油温度过高，使润滑油黏度下降。

37. 引起离心式压缩机异常声响的原因有哪些？

（1）机组轴对中差。

（2）转子不平衡。

（3）压缩机喘振。

（4）轴承损坏。

（5）联轴器故障或不平衡。

(6)动静部分摩擦或损坏。

(7)气体脉动、涡流。

(8)机内侵入或附着异物。

38. 引起离心式压缩机异常振动的原因有哪些?

(1)压缩机转子上叶轮等零部件不均匀磨损或掉块，压缩机的不均匀腐蚀，造成转子不平衡。

(2)固定在转子上的某些零件产生松动、变形和位移，使转子重心改变。

(3)转子中有残余应力，在一定条件下，该残余应力使转子弯曲。

(4)定子部件与转子部件间隙过小，产生摩擦，转子受摩擦而局部升温产生弯曲变形。

(5)联轴器故障或不平衡。

(6)转子对中不好。

(7)轴承磨损、轴承座松动或压缩机的基础松动。

(8)压缩机产生喘振。

(9)转子的转速与机组的临界转速过于接近。

第七章 工业汽轮机安装

1. 汽轮机按热力过程特征分为哪几类？

抽汽背压式、凝气式、抽汽凝汽式、背压式和多压式汽轮机。

2. 工业汽轮机由哪几部分组成？各包括什么主要零部件？

工业汽轮机由转动部分和静止部分组成：

(1)转动部分通常称为转子，包括主轴、叶轮、动叶栅、联轴器和装在轴上的其它零部件。

(2)工业汽轮机的气缸，气缸热膨胀所需的滑销系统、喷嘴组和隔板等零件构成了工业汽轮机的静止部分。

3. 工业汽轮机调节系统的功能及主要组成部件是什么？

(1)调节系统接收来自外部的控制信号，用于控制汽轮机的转速。

(2)调节系统主要由转速传感器(MPU)、Woodward 505(伍德瓦特)数字式调节器、电液转换器、油动机、错油门和调节气阀组成。

4. 汽轮机汽封按结构分为哪几类？

汽轮机汽封按结构可分为曲径式密封、碳径式密封和水封式密封三种。

5. 汽轮机汽封按作用可分为哪几类？

汽轮机按作用可分为轴端汽封、隔板汽封、围带汽封三种。

6. 汽轮机轴向力的平衡方法有哪些？

在汽轮机中，平衡主要轴向力的常用方法有平衡活塞、开平衡孔、采用相反流动的布置方法。

7. 汽轮机猫爪横销的作用是什么？

汽轮机的猫爪横销的作用是保证汽轮机气缸能横向膨胀，同时随着气缸在轴向的膨胀和收缩，推动轴承座向前或向后的移动。

8. 工业汽轮机的盘车装置起什么作用？

(1)工业汽轮机的盘车装置有液压盘车、电动盘车和手动盘车。当机组启动时，通过盘车装置使转子低速转动，以检查有无卡阻与碰撞，保证机组安全启动。

(2)在工业汽轮机停机后，需要经过较长一段时间才能冷却，如果转子在静止状态下冷却，由于冷热对流原理，气缸上部温度高，下部温度低，轴会向上弯曲，为使转子均匀冷却，防止弯曲就需按操作规程进行盘车。

9. 汽轮机正常工作时的轴向力由什么来承担？

汽轮机正常工作时，转子上受到很大的轴向推力，其中大部分由平衡装置平衡掉，剩余部分由推力轴承来承担。

10. 润滑油节流阀有什么作用？

使供给轴承作冷却和润滑用的润滑油限制在需要的范围内，保证油的温升在允许范围内，轴承得到正常的润滑。

11. 汽轮机轴向位移超标有什么危害？

(1)机组甩载荷时由于轴向力改变方向，且主推力和副推力与主轴上的推力盘上有间隙，因而造成转子窜动，产生轴向位移。为保护机组，主推力块与推力盘接触时，副推力块与推力盘的间隙应该小于转子与定子之间的最小间隙。

(2)因轴向推力过大，造成油膜破坏使轴瓦上的乌金磨损或熔化，造成轴向位移。为保护机组，当乌金磨损或熔化，不会造成过大的轴向位移，瓦块上的乌金的厚度不大于1.5mm。

(3)由于机组负载的增加，使推力盘和推力瓦块的轴承座、垫片、瓦架等因轴向力产生弹性形变，也会引起轴向位移。这种轴向位移叫做轴向弹性位移，弹性位移与结构及负载有关，一般为0.2～0.3mm。

(4)机组的轴向位移应保持在允许的范围之内，一般为0.8～1mm。超过这个数值就会引起动静部分发生摩擦碰撞，发生严重损坏事故，如轴弯曲，隔板和叶轮碎裂，汽轮机大批叶片折断等。因此，在操作中经常注意轴瓦温度、轴向位移指示值，发现异常情况要立即采取措施。

12. 为什么凝汽式透平冷态时转子中心必须高于被驱动机转子中心？

凝汽式透平在运行时，排气压力低于大气压，使整个后气缸连同凝汽器往里收缩，由于凝汽器重量大，且与基础紧固，这样势必导致后气缸下沉，但后气缸又受到气缸猫爪的限制不能明显下降，只能少量变形。而后轴承座是搁在后气缸上的，排气缸往下变形带着轴承座向下移动，导致转子下沉。故冷态时转子中心须略高于被驱动机转子中心。

13. 工业汽轮机施工前准备设计文件包括哪些内容？

(1)汽轮机厂房内设备及原始工艺系统布置图。

(2)管道施工图。

(3)设备基础图，金属构架图。

(4)相关专业的施工图。

(5)机组平面布置图，底座、汽轮机、被驱动机械及附属设备的安装图。

14. 工业汽轮机施工前准备制造厂技术文件包括哪些内容?

(1)使用、维护说明书。

(2)设备产品出厂合格证书及检验试验记录。

(3)设备供货清单及装箱清单。

(4)主要零部件材料的质量证明文件。

(5)各部件的装配图及易损件图。

(6)热力系统图、调节保安系统、油系统图等。

(7)平台以上部分的调节保安管路图、润滑油管路图及汽水管路图。

15. 工业汽轮机施工现场应做好哪些准备工作?

(1)熟悉规程规范、图纸、资料。

(2)组织图纸会审、编制施工方案并进行技术交底。

(3)与机组安装相关的土建主体工程已完工，机器基础具备安装条件，避雷接地设备完善。

(4)对施工场地及运输通道应确信能承受所放置设备的重量，并做到场地平整、道路畅通。

(5)施工用水、施工用电、照明、压缩空气等设施具备使用条件，并安全可靠。

(6)厂房内配备可靠的消防设施，消防水源充足、可靠。

(7)厂房内的桥式起重机具备使用条件。

(8)厂房具备防风、防雨、防尘等防护措施，汽机房室内温度应不低于5℃。

(9)施工用计量器具配备齐全，且均在有效鉴定期内，精度等级必须满足测量的需要。

(10)厂房内劳动保护均完善且具备使用条件，外露孔洞均敷设临时防护设施，确保安全。

16. 工业汽轮机安装所需准备的计量器具有哪些?

激光对中仪、激光准直仪、光学合像水平仪、框式水平仪、块规、塞尺、外径千分尺、内径千分尺、游标卡尺、深度游标卡尺、千分表、杠杆千分表、内径千分表、磁力表架、平尺、钢板尺、钢卷尺、角尺、转速表、测振仪等器具。

17. 工业汽轮机底座安装有哪些要求?

(1)底座与轴承座、底座与气缸的结合面应光滑、无毛刺，并接触密实。

(2)将底座上的调节螺钉螺纹上涂抹石墨润滑剂，并将调节螺钉露出底座平面25~30mm。

(3)测量并保证底座的轴心线与设备基础的轴心线一致，偏差不大于2mm。

(4)底座纵、横水平标高应在底座基准面上用精密水平仪进行测量，允许偏差不大于0.10mm/m。

(5)气缸与底座整体供货时，纵向水平度应在前后轴承座孔上进行测量，横向水平度在前后轴承座中分面上进行测量。

18. 如何检查转子在气缸及轴承座中的轴向定位尺寸?

转子的工作位置在制造厂已按技术文件要求调整好，现场可根据制造厂提供的转子在气缸及轴承座中的轴向位置尺寸进行定位，如图2-7-1:

(1)转子甩油环至气缸前轴封室端面间距E1;

(2)气缸前轴封室端面至平衡活塞前端面间距E2;

(3)转子转速发送器至推力轴承座定位端面间距E3;

(4)前轴承箱前端面至推力盘前端面间距E4。

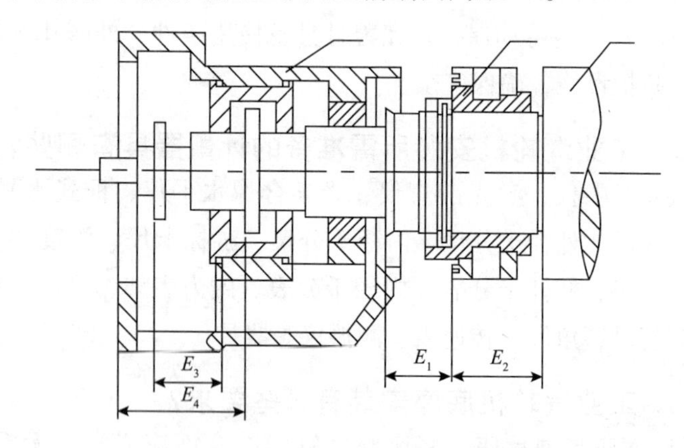

图2-7-1 转子与气缸、轴承座轴向定位测量部位示意图

19. 工业汽轮机轴承安装检查有哪些要求?

(1)轴瓦油道、油孔清洁畅通,无铁屑、杂物,油孔位置正确,乌金无夹渣、气孔、凹坑及裂纹。

(2)轴承乌金渗透着色检查,应无脱胎现象。

(3)合轴承上下轴瓦,装入定位销钉后,不允许有错口,复核轴瓦尺寸及顶轴油囊几何尺寸,应符合图纸要求,轴瓦中分面间隙0.05mm塞尺不入。

(4)轴瓦与轴承座结合球面接触面积75%以上,且均匀,采用涂色检查。中分面处局部间隙0.03mm塞尺不能塞入。

(5)垫块与瓦体接触检查:接触点均匀,接触面积大于60%,调整垫片材质为不锈钢,平整、无毛刺、卷边,垫片孔径比油孔直径稍大。局部间隙0.05mm塞尺塞入深度≤10mm。

(6)垫块与轴承座接触检查:接触点均匀,正下90°范围接触面积95%以上，侧面两块接触在80%以上，同时要求在轴承体螺钉把紧时，转子下沉不超过0.03mm的状态下修正接触面。

20. 在测量环处复测转子与气缸同轴度的方法有哪几种?

(1)用特制套箍测量工具加塞尺进行测量。

(2)用杠杆百分表进行测量：利用转子上的主、附加平衡面处铰有的螺纹孔，在任一螺纹孔中架设特制百分表架并装上杠杆百分表，将杠杆百分表触头触在前、后气缸汽封体内端测量环处，测量转子与气缸轴封室的同轴度、测点位置并记录，其偏差值应符合技术文件要求。

21. 在测量环处复查转子与气缸的同轴度时有哪些注意事项?

(1)测量前，应将测量环清理光洁、无毛刺、锈蚀等缺陷。

(2)松开调节螺钉，使球面垫圈与上气缸猫爪相接触，使上气缸的重量完全由猫爪下的球面垫圈来支承；

(3)盘动转子前，应在转子轴颈表面浇注少量经过过滤的汽轮机油。

(4)测量环每次测点应在同一位置并做好标记。

22. 如何采用猫爪抬差法进行气缸的负荷分配?

采用猫爪抬差法进行气缸负荷分配的汽轮机，前后猫爪应分别进行，并在半实缸和全实缸各进行一次。作前猫爪时，应先紧固后猫爪螺栓，松开前猫爪螺栓，在左侧猫爪下加一个厚度为0.50mm的不锈钢垫片，用百分表测量右侧猫爪的抬升值，然后拆掉左侧猫爪下所加的0.50mm垫片，将其加在右侧猫爪下，用百分表测左侧猫爪的抬升值，两侧抬升值的差值应符合制造厂的规定，如无规定时应不大于0.05mm，后猫爪的做法与前猫爪检查方法相同，负荷分配以前实缸所测的两侧抬升值的差值为准。

23. 如何采用猫爪垂弧法进行气缸的负荷分配?

(1)采用猫爪垂弧法检查气缸负荷分配时，因猫爪支承的气缸属于静定结构，其前端左右猫爪负荷分配合理后，则后端猫爪负荷也自然合理。因此，现场仅需测量调整一端猫爪负荷均匀即可。由于上气缸和其他部套对基础的作用力也都是静定的，因而仅需在下缸空缸分别测量气缸前端左、右猫爪垂弧即可。

(2)测量时，可在该猫爪上部架设百分表进行监视，利用厂房内桥式起重机钩头上挂手拉葫芦或气缸下支设千斤顶等方法将下气缸前端稍稍抬起0.20mm，抽出该猫爪的横销和安装垫片，然后松开手拉葫芦或千斤顶，使气缸前端自由下垂；此时测量猫爪承力面与轴承座承力面的距离 B 及安装垫片厚度 A，$A-B$ 即为猫爪垂弧值，该数值应与百分表测量的读数差相符合。

(3)前端左猫爪垂弧测量后，可回装垫片，然后再用同样方法测量右端猫爪垂弧。一般前端左右，猫爪垂弧偏差值不大于0.10mm。左、右垂弧值之差，应小于左右平均数的5%。

24. 转子上需要测量端面跳动的位置一般有哪些?

汽轮机转子上需要测量端面跳动的位置有：推力盘工作面和非工作面、叶轮的进出汽侧边缘、主油泵轮缘两侧、联轴器端面等处。

25. 工业汽轮机基础二次灌浆有哪些要求?

(1)二次灌浆料设计文件无要求时，宜使用无收缩微膨胀灌浆料进行灌浆。二次灌浆层的高度一般应保证50~70mm。

(2)二次灌浆时应由专人负责，计量应准确，灌浆料应现配现灌注，严格控制施工工艺。在浇灌的同时制造试块，并按要求的时间做强度试验，并出具报告。

(3)二次灌浆必须在机组安装人员的配合下进行。灌浆时可从机组任意一端开始，进行不间断的捣鼓，直至灌浆料紧密地充满各灌浆部位。二次灌浆应连续进行不得中断，必须一次完成，不得分层浇注。

(4)二次灌浆时的环境温度应保持在5℃以上。

(5)二次灌浆完成后2h左右，将灌浆层外侧上表面进行整形抹面。

(6)二次灌浆后，要精心养护，当养护期环境温度低于5℃时应采取相应的防冻措施。

(7)二次灌浆完毕后，24h内不得使其受到振动和碰撞。

(8)二次灌浆层未达到设计强度50%以前，不允许在机组上拆装重件和进行撞击性作业，在未达到设计强度75%以上时，不得紧固地脚螺栓和启动机组；

(9)采用无垫铁安装的机组，二次灌浆层养护期满、拆除模板后，在底座调整螺钉附近及在联轴器的找正支架上架设百分表进行监视，将百分表触头与底座接触。旋松底座上的调整螺钉，然后用力矩扳手再次紧固地脚螺栓，在调整螺钉附近底座的沉降量不得超过0.05mm，联轴器处百分表指针的变化量不得超过0.02mm。

26. 汽轮机滑销装配时有哪些要求?

汽轮机滑销与滑销槽的接合面应有良好的接触，表面应光滑；滑销与滑销槽的间隙应符合规范。滑销系统各部间隙应符合制造厂技术文件要求。滑销与轴承箱或底座之间的各配合面应光滑，其粗糙度不大于$Ra1.6$，连接螺栓、螺母的螺纹应光滑，无毛刺与缺陷，连接前应涂防咬合剂，滑销装配应有防尘措施。

27. 汽轮机扣大盖有哪些注意事项?

(1)彻底清扫检查缸内及疏水孔，做到每个部位确信无疑。

(2)扣盖要连续进行，直至大盖螺栓紧固完整。

(3)先预扣盘车无异常后，再涂密封材料，然后组装紧固。

28. 汽轮机叶片裂纹应如何检查?

宏观法检查汽轮机叶片是否有裂纹时，通常采用10倍左右的放大镜进行检查，若发现有可疑的部位，应先用00#砂布将其表面打磨出光泽，然后用20%~30%的硝酸酒精溶液渗蚀，有裂纹处渗蚀后即呈黑色纹路。

29. 背压式汽轮机拆卸程序是什么?

(1)拆卸润滑、调速系统的各油管线。

(2)拆卸主汽门与蒸汽线的连接法兰。

(3)拆卸油动机。

(4)拆卸两端轴承箱上盖仪表接线探头、温度计。

(5)拆卸仪表接线、拆下调速器、拆前后轴承箱上盖。

(6)拆机壳水平剖分面连接螺栓。

(7)起吊上机壳。

(8)拆支撑轴承上部。

(9)起吊转子。

(10)检查鉴定壳体与转子各部件。

(11)检查测量各部件间隙。

30. 工业汽轮机启动前为什么要暖管?

工业汽轮机冷态开车前，应对主蒸汽管道进行暖管，否则将会造成以下后果:

(1)当高温高压蒸汽接触到常温下的金属管道壁面时会有部分凝结成水，这时若蒸汽流速高，夹带的凝结水将在管道内形成水冲击。水冲击的危害是很大的，轻则使管道支架松动，管道移位；重则造成管道及其附件开裂而损坏。

(2)如蒸汽对管道的预热速度过快，会在管壁上产生较大的温差应力，如果这种情况反复发生，将使管路及其附件产生安全所不能允许的热膨胀和变形，甚至出现裂纹等重大事故。因此，必须限制蒸汽对管道预热过程中升温速度和传热温差，进行暖管。

31. 工业汽轮机为什么要低速暖机?

(1)工业汽轮机在启动时要求有一定时间进行低速暖机。冷态启动时低速暖机的目的是为了使机组各部件受热均匀膨胀，以避免气缸、隔板、喷嘴、轴、叶轮、汽封和轴封等各部件发生变形和松动。对于未完全冷却的工业汽轮机，特别对没有盘车装置的工业汽轮机，启动时也必须低速暖机，其目的是为了防止轴弯曲变形，以免造成工业汽轮机动静部分磨擦。

(2)暖机的转速不能太低，因为转速太低，轴承油膜不易建立，造成轴承磨损；同时，转速太低，控制困难，在蒸汽温度压力波动时，容易发生停机现象。暖机速度太高，则会造成暖机时温升太快。

32. 凝汽式工业汽轮机启动前为什么要先启动凝结水泵?

这是因为工业汽轮机在启动前抽真空时，抽气器要用凝结水来冷却喷嘴喷出来的蒸汽，所以凝结水泵要比抽气器先启动，以供给冷凝水。

33. 汽轮机超速保护装置试验包括哪些试验?

汽轮机超速保护装置试验包括手动试验、油系统试验、超速试验。

34. 进入汽轮机的新蒸汽温度过低时会产生什么后果?

当进入汽轮机的新蒸汽温度过低时，容易使汽轮机发生水击事故。

35. 凝汽系统真空下降的常见原因有哪些什么？

(1)抽气器故障，不能正常抽气。

(2)直接空冷系统管束堵塞或发生气阻，降低了空冷效率。

(3)冷却水量不足或冷却水温过高。

(4)真空系统不严密，漏入空气量较大。

36. 引起汽轮机振动的原因有哪些？

汽轮机在启动、升速、带负荷过程中的机组振动加剧，大多数是由操作不当引起的，其主要原因有疏水不当、暖机不足、停机后盘车不当等。

37. 引起汽轮机调节气阀发生卡涩现象的主要原因有哪些？

阀杆套偏斜、阀杆弯曲、阀杆与阀杆套之间的间隙过小或结盐垢。

38. 汽轮机滑销损坏的主要原因有哪些？

汽轮机滑销损坏的主要原因有滑销与滑销槽间隙不当、机组振动过大、气缸膨胀不均匀。

39. 造成工业汽轮机气缸温差大的原因有哪些？有什么危害？

(1)造成工业汽轮机上下气缸温差大的原因：

①机组保温不佳，如材料不当，下缸保温层脱落等；

②启动方式不正常，如进入工业汽轮机的蒸汽参数不符合要求。启动时间过短，暖机转速不对，气缸疏水不畅，暖机时间不充足等；

③停机方法不正常，如减负荷过快，下气缸进水，轴封过早停止送汽等；

④正常运行中机房两侧空气对流，使气缸单面受冷。

(2)温差大的危害性：

①气缸变形，中心不正；

②螺栓断裂；

③动静部分之间磨擦；

④引起机组振动。

40. 凝汽式工业汽轮机的凝汽器真空降到一定数值为什么要停机?

(1)真空降低会使轴向位移增大，造成推力轴承过荷和磨擦；

(2)真空降低会使叶片因蒸汽流量增加而造成超负荷。

41. 汽轮机超负荷运行会产生什么危害?

(1)由于进汽量增加，叶片承受的弯曲应力增加；同时隔板、静叶片所承受的应力与引起的挠度也增加。

(2)由于进汽量增加，轴向推力增加，使推力瓦乌金温度升高，严重时造成推力瓦块烧毁。

(3)调速汽门开度达到接近极限的位置，油动机也达到了最大行程附近，造成调速系统性能变坏，速度变动率与迟缓率都会增加，使运行的平稳性变坏。

42. 汽轮机水击事故的后果有哪些?

汽轮机发生水击事故时，会损坏叶片和推力轴承，使转子和气缸发生变形，引起动静部分摩擦，造成汽轮机严重损坏事故。

43. 汽轮机发生水冲击时有何现象发生?

当汽轮机发生水冲击时，通常出现新蒸汽温度急剧下降、推力轴承温度急剧升高、气缸结合面冒白烟现象。

44. 工业汽轮机运行中常见有哪些事故？

工业汽轮机运行中常见的事故有六种，即断叶片、超速飞车、水冲击、强烈振动、缺油和失火、真空下降（对凝汽式工业汽轮机）或背压上升（对背压式工业汽轮机）。

45. 汽轮机在什么情况下应进行超速保护装置试验？

汽轮机超速保护装置在汽轮机安装完毕后、大修以后、运行8000h以后，均应按制造厂技术文件规定进行试验。

第八章 其他机械设备安装

第一节 螺杆压缩机

1. 螺杆压缩机是如何分类的?

螺杆压缩机的分类如图 2-8-1 所示。

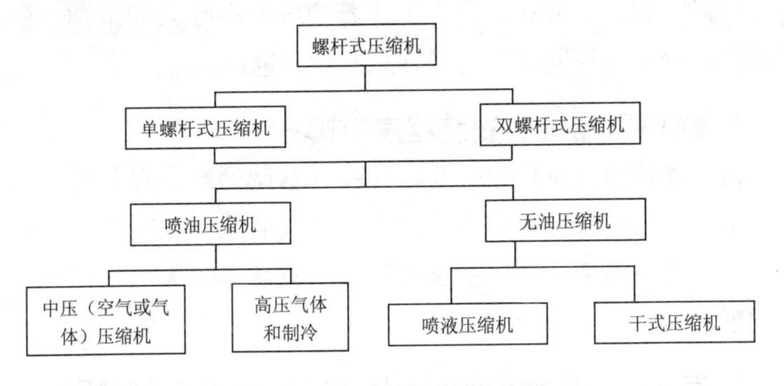

图 2-8-1 螺杆压缩机分类

2. 螺杆压缩机有哪些特点?

(1)体积小、结构紧凑、重量轻、造价低。

(2)效率高、运转可靠。

(3)维修保养方便维修费用低(机械部件少)。

(4)噪声低。

(5)气体输送没有波动。

3. 什么是有油螺杆压缩机？与无油螺杆压缩机有何区别？

有油螺杆式压缩机通常是采用强制循环喷油润滑方式，既在压缩过程中，将冷却的润滑油直接喷入压缩室内，其喷油量远大于活塞式压缩机的内部润滑和其他非喷油润滑方式的回转式压缩机。喷入压缩室内的所有润滑油与压缩气体混和并一起从压缩室排出后，需经过油气分离，以分离和回收绝大部分润滑油再度循环使用。通常大型的多级有油螺杆压缩机会有一个独立的供油系统，而小型单级喷油压缩机只是利用气体的压力差来实现喷油润滑。

无油螺杆压缩机工作容积中没有喷入润滑油，但其润滑方式也采用强制润滑的方式，由于工作容积中没有喷入润滑油，所以强制润滑只是润滑同步齿轮和轴承并对其进行降温。

4. 螺杆压缩机的安装程序有哪些？

施工准备→设备检验→基础验收→基础处理→设备就位→设备找正→一次灌浆→垫铁隐蔽检查→二次灌浆→联轴器对中→系统管道安装→系统清洗→系统运转→电机试车→无负荷试车→负荷试车。

5. 有油螺杆压缩机其喷入压缩室内的润滑油起哪些作用？

(1)冷却作用：大量的冷却油与气体接触混和，直接吸取气体的压缩热，使压缩终了气体温度大为下降。

(2)密封作用：进入压缩室内的润滑油，有效地密封压缩过程中所有工作间隙，减少气体泄漏，使压缩机容积效率明显提高。

(3)润滑作用：倾入的大量的润滑油提供各摩擦表面的优良润滑，减少摩擦损失和磨损。

(4)防腐防锈作用：在有油的压缩机中转子和工作腔壁没有经过特别的处理，因而在压缩空气或其它腐蚀性气体时容易生锈和腐蚀。

6. 螺杆压缩机开车前的准备工作有哪些?

(1)搞好机组及周围环境卫生，检查装设的临时盲板、滤网等是否已全部拆除，与之相关的阀门是否灵活好用。

(2)详细检查各管路及机械设备的地脚螺栓、联轴器等螺栓的紧固情况。

(3)联系仪表工、电工检查电器开关、仪表联锁装置。指示仪表、阀门控制等是否齐全、灵敏、准确可靠。静电接地是否良好，电阻是否符合要求。

(4)联系电工送好电。

(5)机组油箱加注润滑油至规定位置。

(6)点动油泵，检查油泵电机转向是否正确，点动主电机，校对主电机转向是否正确(第一次开机或电机维修后开机才须此步骤)。

(7)按箭头方向用专用工具盘动转子，要求在不施加外力条件下能盘动，无轻重不均的感觉。无磨擦撞击声，检查主机正常后可盖上闷板；机体排液。

(8)启动主油泵，调整泵出口压力到规定压力值，然后检查辅助泵自启动是否好用，油过滤器切换是否灵活好用，油压差是否正常，油冷后温度是否符合产品技术文件要求，检查各注油点压力及回油情况。

(9)检查冷却水系统是否处于完好状态。

(10)气体置换，通氮气到机内，赶尽空气。

(11)试用电磁阀，确认气量调节器中的活塞滑动灵活平稳，蝶阀阀瓣启动灵活，调整其至零位。

（12）打开机进出口阀，并详细检查工艺流程及阀门的开关状态是否正确，严禁在机出口阀关闭时开机。

7. 由于装配不良导致螺杆式压缩机机械密封漏油的主要原因有哪些？

（1）动环在传动座中卡住。

（2）动环与静环不同心。

（3）弹簧压缩量调整量不符合要求。

8. 一般造成螺杆式压缩机机体温度过高的原因是什么？

转子与机体摩擦。

9. 引起喷油螺杆压缩机润滑油耗油量大的原因是什么？

轴端密封泄漏。

10. 喷油螺杆压缩机油系统压力过低的主要原因有哪些？

（1）油温过高。

（2）内部泄漏。

（3）润滑油泵转子磨损，效率降低。

（4）油系统堵塞，不通畅。

（5）油量不足或油质不佳。

（6）油压调节不当。

11. 螺杆压缩机组振动的原因有哪些？现场如何处理？

（1）机组地脚螺栓松动或底座刚性差—拧紧地脚螺栓或加固底座。

（2）机组轴对中不良——重新找正。

（3）压缩机转子不平衡——检查校正。

（4）压缩机内部有碰磨现象——拆卸检修。

（5）机组管道产生共振，引起机组振动加大——改变管道支承点位置。

(6)机体内吸入的液体或润滑油量过多——停机，手动盘车，将液体排出，并消除液体来源或减少润滑油量供给。

12. 喷油螺杆压缩机启动负荷大或不能启动的原因有哪些？现场如何处理？

(1)排气端压力高——调整流程，使高压气体回低压系统，提高冷凝器冷却能力。

(2)滑阀未停在“0”位——调整气量调节器，使蝶阀关度至最小。

(3)机体内充满油或液体——手动盘车，将液体排出。

(4)部分运动部件磨损或烧毁——拆卸检修。

13. 螺杆式压缩机达不到额定排气量的原因有哪些？现场如何处理？

(1)气量调节器的压力控制器上限调得过低——调整压力控制器上限使气量达到要求。

(2)进气压力过低——打开回路通阀。

(3)进气过滤器阻塞——更换过滤器滤芯或清洗。

(4)正常运转时，蝶阀没全开——检查蝶阀开度。

14. 螺杆式压缩机排出温度过高或油温过高的原因有哪些？现场如何处理？

(1)压缩比过大——降低压缩比或降低负荷。

(2)油冷却器冷却不够——清除污垢，降低水温、增加水量。

(3)吸入气体过热——调低吸入气体温度。

(4)喷油量或喷水量不足——调大喷水量或喷油量。

15. 螺杆式压缩机运行中有异常声响的原因有哪些？现场如何处理？

（1）转子有异物——停机，检查入口过滤器、转子。

（2）轴承磨损破裂——停机更换。

（3）转子和壳体摩擦——停机，对机组进行检修。

（4）吸入大量液体——调整操作或停机排液。

16. 螺杆压缩机运行过程中出现电流过载的原因有哪些？现场如何处理？

（1）电网电压过低——适当降低负荷。

（2）排气压力过高——调整排气压力。

17. 螺杆压缩机停机时出现反转的原因是什么？

停机时压缩机反转，常见原因是出口单向阀失灵，管网气体倒流回压缩机。

第二节 起重机

1. 桥式起重机分为哪些种类？主要由哪几大部分组成？

桥式起重机又称为“天车”或“行车”，根据其结构特点和用途，通常分为普通桥式起重机、冶金桥式起重机和龙门起重机三大类。

桥式起重机主要由机械部分、电气部分和金属结构等三大部分组成。

2. 起重机轨道接头有哪些要求？

（1）接头对焊时，焊条和焊缝应符合钢轨的材质和焊接质量的要求，焊好后接头应平整光滑。

(2)接头用鱼尾板或鱼尾板规格相同的连接板连接时，接头左、右、上三面的偏移均不应大于1mm，接头间隙不应大于2mm。

(3)伸缩缝处的间隙符合设计规定，其偏差不应超过±1mm。

3. 桥式起重机试运转分几个步骤进行？动负荷试运转应符合哪些要求？

桥式起重机试运转分三个步骤进行，即无负荷试运转、静负荷试运转和动负荷试运转。

动负荷试运转应符合下列要求：

(1)动负荷试运转在静负荷试运转合格后进行。试运转时，在1.1倍额定负荷下同时启动起升与运行机构反复运转，累计启动时间不应少于10min；

(2)运转中各机构动作应灵敏、平稳、可靠，性能应满足使用要求，限位开关和保护联锁装置的作用应可靠、准确。

第三节 输送设备

1. 普通带式输送机由哪几部分组成？

由驱动装置、传动滚筒、张紧装置、输送带、平行托辊、槽型托辊、机架、导料槽、改向滚筒等组成，有些皮带输送机还有犁式卸料器、清扫器、逆止器及拉绳停车装置等。

2. 强力带式输送机有哪几个主要部件组成？

胶带、托辊、驱动装置、拉紧装置、逆止器、制动器、保护装置、电控系统等。

3. 胶带输送机驱动装置有什么作用?

驱动装置是胶带输送机动力的来源，电动机通过联轴器带动减速机内的齿轮传动，减速机输出轴通过联轴器带动滚筒转动，借助滚筒与胶带之间的摩擦力使胶带运动。

4. 带式输送机的传动原理是什么?

带式输送机的传动滚筒被传动装置带动旋转时，借助于传动滚筒与输送带之间的摩擦力，带动输送带从机尾向机头运动，上段输送带承载为重段，支承在槽形托辊组上。下段输送带为回空段，支承在平托辊上，机尾滚筒起导向作用。

5. 皮带输送机的安装有哪些要求?

(1)在安装皮带输送机架之前，首先要在输送机的全长上拉引中心线，因保持输送机的中心线在一直线上是输送带正常运行的重要条件。

(2)安装驱动装置时，必须注意使带式输送机的传动轴与带式输送机的中心线垂直，使驱动滚筒的宽度的中央与输送机的中心线重合，减速器的轴线与传动轴线平行。

(3)在机架、传动装置和拉紧装置安装之后，可以安装上下托辊的托辊架，使输送带具有缓慢变向的弯弧。

6. 带式输送机机架的安装精度有何要求?

(1)输送机纵向中心线与基础实际轴线距离允许偏差±20mm。

(2)机架中心线与输送机纵向中心线应重合，其偏差≤3mm。

(3)机架中心线直线度偏差，在任意25mm长度内≤5mm。

(4)在垂直于机架纵向中心线的平面内，机架横截面两对角线长度之差，不应大于两对角线平均值的3mm/1000mm。

(5)机架支腿对建筑物地面的垂直度不应大于2mm/1000mm。

(6)中间架的间距允许偏差±1.5mm。

(7)机架接头处的左、右偏移偏差和高度差均不应大于1mm。

(8)中间架的高度差不应大于间距的2/1000mm。

7. 带式输送机组装传动滚筒、改向滚筒、拉紧滚筒和托辊的安装精度有何要求?

(1)滚筒横向中心线与输送机纵向中心线应重合，其偏差不应大于2mm。

(2)滚筒轴线与输送机纵向中心线的垂直度偏差不应大于滚筒轴线长度的2‰。

(3)滚筒安装后，应在其主要工作面进行找平，其轴线的水平度不应大于滚筒轴线长度的1‰。

(4)对于多驱动滚筒，传动滚筒轴线的平行度偏差不应大于0.4mm。

(5)托辊横向中心线与输送机纵向中心线应重合，其偏差不应大于3mm。

(6)对于不用于调心或过渡的托辊辊子，其上表面应位于同一平面上，相邻三组托辊辊子上表面的相对标高差不应大于2mm，托辊中心线对胶带机中心线的对称度不大于3mm。

(7)托辊安装后，转动应灵活。

8. 皮带输送机在皮带粘接过程中应注意什么问题?

(1)胶带最好不要“冷粘”，通常采用硫化接头法，也就是所谓“热粘”，这种接头处无缝，对于运输颗粒、粉状物料大有好处，不会积存。其方法是将皮带对接处分别切成对称的阶梯形，将切口各层表面用圆盘钢丝砂轮机打毛，涂以胶浆，压上可升温的压板，拧紧螺栓，使胶带在0.5~0.8MPa的压紧力、140~145℃温度下保温一定时间，即能成为无缝的硫化接头。

(2)粘胶应按厂家提供的产品或说明书要求品种，如没要求可用氯丁橡胶黏合剂配调和剂进行粘接。

9. 强力带式输送机胶带硫化接头如何进行检查?

用尺检查每个接头的长度，根据接头长度尺寸变化大小，来判断接头的质量情况，新硫化的接头刚开始使用，接头的长度尺寸趋于稳定，不应该再伸长，如果每次检查接头尺寸都在伸长，说明接头有问题，说明钢丝从橡胶中不断的抽出，处理不合格的硫化接头，应该把接头的胶剥掉重新用盖胶、芯胶进行硫化。

10. 当输送带总厚度小于等于25mm时，粘接时保温时间如何计算?

$$T=1.4(14+0.7i+1.6A)$$

式中 T——保温时间，min；

i——纤维层数；

A——上胶与下胶的总厚度，mm。

11. 当输送带总厚度大于等于25mm时，粘接时保温时间如何计算?

$$T=1.7(14+0.7i+2A)$$

式中 T——保温时间，min；

i——纤维层数；

A——上胶与下胶的总厚度，mm。

12. 固定式皮带输送机在运转中皮带跑偏的原因是什么?

(1)驱动滚筒与从动滚筒两者轴中心线不平行。

(2)皮带接头搭接不正，皮带一边松一边紧。

(3)皮带中心线与传动托辊中心线不重合，误差较大。

(4)托辊间不平行，形成交角，托架安装方向不对。

13. 皮带输送机安装过程中如何预防皮带打滑？

(1)清除辊子表面油污，检查电动滚筒堵头是否拧紧，端面密封是否严密。

(2)对于螺旋式拉进装置，皮带接头时应预留松紧冲程，使运行中便于调节。皮带打滑时，应旋转螺杆，拉紧皮带。对于车式拉紧装置和垂直拉紧装置，可增加配重以拉紧皮带。

14. 气垫带式输送机的工作原理是什么？

气垫带式输送机是一种半气垫结构，将通用输送机的托辊用气室代替，用离心风机将具有一定压力的空气送入气室，空气经过气室槽的排气小孔，进入输送带与盘槽之间，形成气垫并支承输送带及其上的物料，实现平稳输送。

15. 带式输送机空负荷试运转应符合什么要求？

(1)当输送带接头强度达到要求后，才可进行空负荷试运转。

(2)拉紧装置调整应灵活，当输送机启动和运行时滚筒均不应打滑。

(3)当输送带运行时，其边缘与托辊端缘的距离应大于30mm，不应出现跑偏的现象。

(4)清扫器刮板与输送带的接触情况应良好。

(5)减速器和液力耦合器油温和轴承温升均不应超过设备技术文件的规定，润滑和密封应良好。

(6)空负荷试运转的时间不应小于2h，且不应小于两个循环；可变速的连续输送设备，其最高速空负荷试运转时间不应小于全部试运转时间的60%。

16. 带式输送机为什么要安设逆止器？对逆止器有什么要求？

(1)为了防止倾斜向上运输时，带式输送机停机后输送带反向运转，必须装设安全、可靠的逆止装置。

(2)对逆止装置的要求是：

①逆止装置的额定逆止力矩应大于输送机所需逆止力矩的1.5倍；

②逆止装置的设置，不得影响减速机的正常运转。

17. 螺旋输送机安装过程中有哪些注意事项？

(1)安装螺旋片时，各点间隙应符合要求，并注意螺旋轴的水平度。

(2)有些水平放置的螺旋轴较长，而中间未装轴承支架，在安装时应增设；

(3)安装时，不小心将工具或螺栓、螺母等丢在机器内，运转时易卡在壳与螺旋片之间，因此安装结束后，一定要作内部清理检查，防止杂物留在里面。

18. 传动链条运行过程中有哪些常见问题？

(1)板式输送机和埋刮式输送传送链条跑偏。

(2)端部链轮与链条啮合不良。

(3)链条个别铰接处转动不灵。

19. 刮板链跑出溜槽是什么原因？怎样防治？

刮板链跑出溜槽，会影响正常生产，人们称为“漂链”，产生这种现象的主要原因是：

(1)刮板两端头磨损过限，刮板长度变短，稍有歪斜就会出槽。

(2)溜槽槽帮严重磨损，挡不住刮板。

(3)推溜时弯度太大，刮板在弯曲处出槽。

(4)缺少刮板，链子不能在中心行走。

(5)刮板与链子连接螺栓松动。

防治方法：及时更换磨损过限的刮板、溜槽，补足刮板，及时紧固螺栓，推溜时注意别出现急弯。

20. 斗式提升机安装过程中有哪些注意事项?

(1)用线锤找正外壳，机壳铅垂度符合技术要求。

(2)调整驱动机构和拉进轮中心，使之与壳体同心。

(3)调整拉紧轮，将皮带或链条紧力增加，如仍过长，则取下一段链条或切去一节皮带，然后重新联接好。

21. 气送装置试运转中常出现什么故障?故障原因是什么?

(1)气送装置运转中常出现气送装置设备和风管接头处漏风，焊接部位物料流通不畅。

(2)故障原因为法兰处密封垫(带)断缺、安装不正；螺栓紧力不够；设备或管道焊接部分采用手工电弧焊打底，使内壁焊缝粗糙，物料在此受阻。

第四节 变速器

1. 变速齿轮箱找正、找平有什么要求?

(1)变速齿轮箱的轴线应与机器基础轴线相重合，允许偏差为±3mm，标高允许偏差为±5mm。

(2)变速齿轮箱找平时，其纵向安装水平应在轴承座孔上进行测量，横向安装水平应在箱体水平中分面的四个角上进行测量，紧固地脚螺栓或底座连接螺栓后，其纵向、横向水平允许偏差均为0.05mm/1000mm。

2. LC两级齿轮减速器试运转时噪声大、温度高是什么原因引起的?

(1)减速器内杂质多，如有毛刺、切屑、残砂与脏物。

(2)制造装配精度不够。

3. 变速器振动、噪声过大是什么原因引起的?

(1)造成变速器振动过大的原因一般为变送器对中不好、连接件松动，配合精度破坏、动平衡破坏造成;

(2)造成变速器噪声过大的原因一般为润滑不良、齿轮啮合不良、各部位配合精度降低、磨损严重造成。

4. 减速器空载、温升和噪声实验有什么规定?

(1)空载试验：减速器空载正反相隔运转30min应符合下列要求:

①各连接件、紧固件不得松动;

②各密封处、接合处不得有渗油及漏油现象;

③运转平稳，不得有冲击或强烈震动。

(2)温升试验：减速器在额定负载下，连续运转3h，每15min记录一次油池温度，不得超过100℃；当减速器装冷却系统时，油温应控制在75℃ ±50℃；通水量及进水口水温，应符合设计要求。

(3)噪声试验：在额定负荷下进行正向和反向测定，在减速器正面、侧面、上面1m处，其平均噪声值:

①16kW以下减速器，最大噪声值不超过90dB;

②160kW减速器，最大噪声值不超过92dB。

5. 转筒式设备大齿圈与小齿轮轴向错位是什么原因引起的?

现场组装或制造厂组装时大齿圈在转筒上的轴向定位偏差太大，而传动装置(对球磨机而言还有轴承座)和托档轮装置已先安装并找正灌浆。当转筒就位后就发现大齿圈与小齿轮轴向错位。

6. 什么是液力耦合器?它的主要元件是什么?

液力耦合器是安装在电动机和减速机之间，应用液力传动能量的一种传动装置，主要元件是与电动机轴相连泵轮和与减速机输入轴相连的涡轮。

第五节　挤压机

1. 挤压造粒机组由哪几部分系统组成?

挤压造粒机组由加料系统、驱动系统、混炼挤压系统、挤出造粒系统、粒子处理系统、其它辅助系统、电气控制系统七个主要部分组成。

驱动系统主要由主电机装置、主电机润滑系统、气动摩擦离合器、主减速器系统、主减速器润滑系统、隔音罩、盘车装置等组成。

混炼挤压系统由混炼挤压装置、料斗装置等组成。

挤出造粒系统主要由节流开车阀、熔体齿轮泵装置、换网装置、连接支撑装置、机头装置、温控管路、水下切粒装置等组成。

粒子处理系统主要由离心干燥装置、振动筛、PCW 粒子水系统、三通取样阀等组成。

其它辅助系统主要由 BCW 机筒冷却水系统、液压系统Ⅰ、液压系统Ⅱ、热油系统Ⅰ、热油系统Ⅱ等组成。

2. 挤压造粒机组安装顺序是什么?

主减速器→混炼挤压装置→主电机→节流开车阀→齿轮泵装置→换网装置→机头装置→水下切粒装置→其他辅助装置。

3. 挤压造粒机组各个部件安装前应做好哪些准备工作?

(1)采用冷的清洗剂清除所有部件上的防锈剂。

(2)检查各部件的密封及接触表面是否有损伤，必要时用油石打磨光滑。

(3)在所有螺栓与定位销上涂上润滑脂。

4. 挤压造粒机组减速器的安装与调整步骤是什么?

(1)用起重机利用下箱体上的起吊孔将整台减速器吊起(不得用箱盖起吊孔起吊)，慢慢移到安装基础上，调整垫铁，使箱体中分面上的找正平台的水平度小于0.04mm/m;

(2)在调整水平面时，输入轴与输出轴分别对电机轴及主机轴要求同心，同轴度小于ϕ0.08mm。

(3)拧紧地脚螺栓螺母，将减速器固定。

5. 挤压造粒机组熔体齿轮泵装置的安装注意事项有哪些?

安装时不要拆开泵，不要转动转子。因为齿轮泵转子之间的啮合间隙要求比较严格，在出厂之前已严格找正，并将转子齿侧间隙调整均匀，且打好安装标记，如果打开泵体还需重新安装找正。同时由于齿轮泵熔体自润滑的特殊要求，在非正式试车或运转期间不允许转动转子，防止拉伤内部轴瓦。

轴向负载不允许施加到泵的驱动转子上，因此必须对泵及其驱动部分进行找正，以免产生不必要的应力，冷态找正是必要的，但是只依据冷态找正及计算热膨胀是不够的。因此当造粒生产线和齿轮泵处于工作温度的状态时，应再一次验证找正工作，必要时加以修正。

6. 挤压造粒机组换网装置的安装与调整步骤有哪些?

(1)安装齿轮泵与换网装置之间的联接套及支架。

(2)将换网装置安装在连接套上。

(3)安装换网装置与机头之间的连接法兰及法兰下的支架。

(4)调整各支架下的调整垫使换网装置水平并与机组中心高一致。

(5)连接所有管路。

7. 挤压造粒机组水下切粒的安装步骤是什么?

(1)带导轨的支座进行粗调整。

(2)造粒小车在导轨上进行粗调整。

(3)安装调整水下切粒机。

(4)安装附件。

8. 挤压造粒机组试运行时的注意事项有哪些?

(1)异常声音。

(2)各电机、减速器的轴承温度。

(3)密封处树脂、油有无泄漏。

(4)各电机的电流。

(5)齿轮泵入口处的熔体压力。

(6)换网前振动筛中出来的各种规格粒子的形状。

(7)各温度计和压力表的温度、压力数值。

(8)各管路的液体泄漏情况。

(9)各装置的异常振动情况。

9. 挤压造粒机组试车后应目测检查哪些项目?

(1)切刀和模板的表面。

(2)换网装置的滤网。

(3)各管路有无液体泄漏。

(4)检查相关设备。

第六节　磨煤机

1. 辊盘式磨煤机主机部分主要部件有哪些?

台板基础、主电动机、联轴器、减速机、机座、排渣箱、机座密封装置、传动盘及刮板装置、磨环及喷嘴环、磨辊装置、压架及铰轴装置、机壳、拉杆加载装置、分离器等。

2. 球磨机主要由哪几部分组成?

主要由主轴承、回转部、进料部、传动部(大小齿轮装置)、空气离合器、出料部、主电机、慢速传动部、顶起装置、电气控制等组成。

3. 辊盘式磨煤机的工作原理是什么?

辊盘式磨煤机碾磨部分是由转动的磨环和三个沿磨环滚动的固定且可自转的磨辊组成。需粉磨的原煤从磨煤机的中央落煤管落到磨环上，旋转磨环借助于离心力将原煤运动至碾磨滚道上，通过磨辊进行碾磨。三个磨辊沿圆周方向均布于磨盘滚道上，碾磨力则由液压加载系统产生，通过静定的三点系统，碾磨力均匀作用至三个磨辊上，这个力经磨环、磨辊、压架、拉杆、传动盘、减速机、液压缸后通过底板传至基础，见图 2-8-2。原煤的碾磨和干燥同时进行，一次风通过喷嘴环均匀进入磨环周围，将经过碾磨从磨环上切向甩出的煤粉混合物烘干并输送至磨煤机上部的分离器，在分离器中进行分离，粗粉被分离出来返回磨环重磨，合格的细粉被热一次风带出分离器。

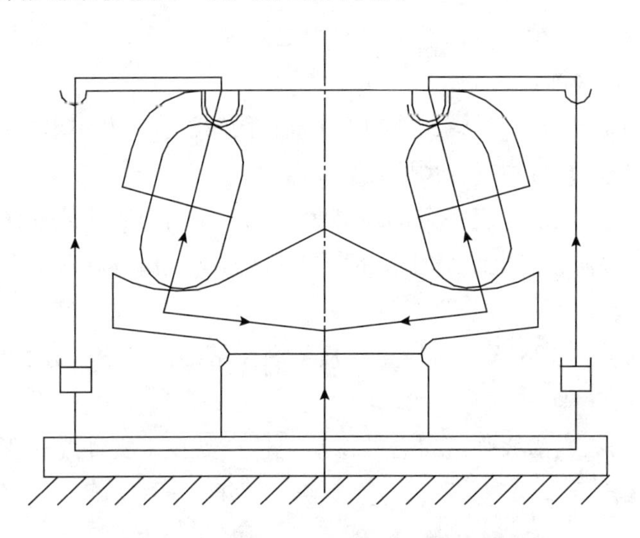

图 2-8-2 磨煤机加载传递系统“受力状态图”

4. 辊盘式磨煤机台板安装有哪些要求？

(1)采用检修起重机分别将齿轮箱台板、电动机台板、拉杆台板、盘车装置台板吊装就位。

(2)按基础中心线和台板上的中心线找正台板，用垫块和调整螺钉调整台板高度，找正面为台板上部的机械加工面；用水平尺进行水平找正，齿轮箱台板水平误差应小于 0. 15/1000，电动机台板水平误差应小于 0. 20/1000；调整时，台板下不允许加垫片。

(3)安装并校准拉杆台板，用调节螺栓调整其高度，用水平尺进行水平找正，水平误差必须小于 0. 2/1000；垫块必须放正，并且和水泥面接触稳固。

5. 辊盘式磨煤机台板浇灌混凝土时有哪些要求？

(1)混凝土必须是抗收缩水泥，混凝土性能应与产品技术文件要求一致，灌满台板底部。

(2)齿轮箱台板内部浇灌必须达到标高要求，严格按照图纸控制二次浇灌标高。

(3)浇灌前，暴露在外的加工面抹防锈油脂，并用木板保护。

(4)按设计留好各预留孔。

(5)在浇灌前应将全部地脚螺栓盒上端用橡胶垫或泡沫塑料封死，以防止二次灌浆时水和水泥砂浆进入地脚螺栓匣或联接螺栓孔中。

(6)养护28天之后检查台板下灌注情况；用敲击方法检查，不能存在空洞。

(7)二次灌浆强度符合要求后，按产品技术文件要求紧固各地脚螺栓。

6. 辊盘式磨煤机机座的安装有哪些要求？

(1)按产品随机机座图将四块槽钢放在基础上，把机座置于槽钢上就位，通过槽钢上的垫片组来调整机座顶面标高。

(2)以减速机输出法兰上端面为基准找正机座的上部，机座顶板平面允许的水平误差小于5/100。

(3)用线锤找正机座密封环中心孔内表面与减速机输出法兰同心度，同心度允差小于0.3mm。

(4)机座中心和标高合格后，将机座和调整垫铁、槽钢一起焊接固定，然后按产品基础图的要求将机座地脚与机座基础底板焊接。

(5)按产品基础图要求进行二次灌浆，二次灌浆养护期满后按紧固力矩要求紧固地脚螺栓，扣死止动垫圈。

7. 辊盘式磨煤机减速机就位前需做哪些检查？

(1)彻底清理齿轮箱台板加工面，核查水平度，合格后均匀

抹薄薄一层 MoS_2 润滑脂。

(2)把减速机垫起适当高度，彻底清理减速机底面的毛刺、杂物。

8. 辊盘式磨煤机减速机就位安装有哪些注意事项？

(1)将减速机放置在台板上，用台板四周的顶丝调整减速机位置，使减速机底部边缘上的标记与台板上标记相吻合，其中心线的最大允差为 ±0.4mm。

(2)未紧螺栓前用塞尺检查其接触面，关键部位其间隙必须小于 0.2mm，否则必须修理其接触面。

(3)减速机找正完毕，按产品随机基础图上的拧紧顺序，上紧地脚螺栓和顶丝，固定减速机；地脚螺栓的拧紧力矩按图纸要求。

9. 辊盘式磨煤机传动盘的安装有哪些要求？

(1)彻底清理减速机输出法兰面、螺栓孔和传动盘下表面，首先将三个导向用的传动盘安装定位销拧入减速机的输出传动法兰螺孔中，定位销每间隔 120°左右安置一个，拧紧程度以定位销不能晃动为准。

(2)起吊传动盘，使传动盘的中心与机座密封环的中心对准，同时使传动盘圆周上的通孔对准三根导向定心销。缓慢落下传动盘，安装时要特别注意，不得损伤密封环内孔上的锯齿。传动盘落下过程中，严密注意传动盘中部密封止口与机座挡渣环上密封面间隙，必要时适当调整挡渣环径向位置，保证安装过程中不损伤密封面，控制密封间隙圆周均匀。

(3)注意下部止口进入减速机输出法兰上凸起的定位止口，直至贴切落实。用塞尺检查传动盘与减速机输出法兰接合面是否密合，以判断其是否装好。

(4)带上传动盘内与减速机输出法兰相连接的螺栓，检查传动盘与机座密封的间隙是否均匀。然后取下三根导向定心销，把螺栓全部带上，在对称方向上按产品技术文件要求力矩拧紧，待螺栓全部拧紧后将止动垫圈扳边。

10. 辊盘式磨煤机磨辊装置的安装有哪些要求？

(1)清理辊架上的铰轴孔，涂 MoS_2 油脂。

(2)按产品安装图将磨辊安装保持架固定在机壳上，在辊架上安装磨辊起吊工具，把磨辊装置吊入机壳就位。

(3)安装磨辊一定要仔细，为了防止磨辊翻倒及下面找正工作的方便，应使磨辊安装保持架上的螺孔与辊架上的螺孔中心交汇，然后将磨辊与保持架用螺栓固定。

(4)在磨辊就位时，应将辊芯上的放油孔之一转到最低点，以便安装就绪后将磨辊中的防锈油排放干净，辊套、衬瓦均为高铬铸铁制造，在安装时不得撞击、焊接、加热等，以防脆裂。

(5)拆下磨辊起吊工具，将磨辊找正杆插入磨辊端盖孔中，对磨辊初步找正，使三个找正杆尖端标高大概一致和对中。

11. 辊盘式磨煤机刮板装置的安装有哪些要求？

(1)把刮板装置装到传动盘上，调整刮板下部和机座顶面的间隙符合产品技术文件要求。

(2)检查刮板外侧与一次风室内壁之间的间隙，调整至产品技术文件要求值。

12. 辊盘式磨煤机磨环及喷嘴环的安装有哪些要求？

(1)清理传动盘上平面、磨环下平面，涂抹一层 MoS_2 油脂。安装传动销，吊磨环及喷嘴环就位。

(2)用0.06mm 塞尺检查传动盘和磨环接触面，确认接触良好。

13. 辊盘式磨煤机机壳的安装有哪些要求？

(1)按机座上的定位铁块标记将机壳吊装就位在机座上，安装时根据图纸核准安装方位。

(2)找正机壳中心位置，检查机壳圆度和标高，机壳下部中心找正以传动盘上面止口为基准；找正粗粉导流环内径，检查喷嘴环与粗粉导流环间的间隙，并作好记录。

(3)机壳上部找正以减速机输出法兰中心为基准吊线进行；上、下部的中心允许偏差小于3mm；找正时注意消除机壳变形的影响，检查刮板装置的刮板外侧和一次风室内壁间隙是否满足产品技术文件要求，再用线锤复查机壳上拉杆密封中心线与拉杆座中心位置重合情况，允许偏差小于3mm。

(4)验收合格后，将机壳同机座按要求焊接；焊接时，应在机座顶板两侧同时、同方向(顺时针和逆时针)施焊。

第七节 内燃机

1. 内燃机是如何分类的?

(1)按其工作原理分类，有往复活塞式内燃机、旋转活塞式内燃机和涡轮式内燃机。

(2)按所用燃料分类，有柴油机、汽油机、煤气机和沼气机等。

(3)按一个工作循环冲程数分类：有四冲程和二冲程内燃机。

(4)内燃机可按气缸冷却方式，燃料在气缸内部着火性质、气缸排列、转速与活塞平均速度，气缸数目、用途、是否增压等来分类。

2. 四冲程柴油机的工作原理是什么?

在圆柱形的气缸中，活塞通过活塞销、连杆与曲轴相连，曲轴转一周可带动活塞上下运动各一次，气缸能量的转化过程是进气、压缩、膨胀和排气四个阶段：

(1)进气行程：活塞从上止点向下止点移动，这时气门打开，排气门关闭，由于活塞下移气缸内空积增大，空气不断被吸入气缸内；

(2)压缩行程：活塞从下止点向上止点移动，这时进、排气门都关闭、气体受压缩后温度、压力不断升高，为喷入的柴油燃烧创造条件；

(3)膨胀行程：压缩终了时，喷油器将柴油喷入缸，油雾在高温下很快蒸发，与空气混合成可燃混合气，并在高温下自行燃烧，放出大量热量，由于进、排气门是关闭着的，高压气体便膨胀而推动活塞从上止点向下止点移动，推动曲轴旋转，这样，气体的发热就变成了活塞、曲轴的机械运动而作功；

(4)排气行程：曲轴继续旋转推动活塞由下向上运动，这时排气门打开，进气门关闭，燃烧后的废气受活塞的排挤从排气门排出气缸外。

活塞需要四个行程才完成一个工作循环的内燃机，叫做四冲程内燃机。

3. 内燃机由哪些机构和系统组成？

尽管内燃机的结构形式很多，同型式内燃机各个机构的具体构造也各种各样，但一般都必须由机体组件、曲轴连杆机构、配气机构/燃料供给系统、润滑系统、冷却系统、启动系统和汽油机点火系统组成。

4. 内燃机供给系统的组成及作用是什么？

供给系统由油箱、柴油滤清器、喷油泵、喷油器、输油泵、调速器、汽油滤清器、汽油泵、化油器、进气管、排气管和排气消声器等组成，其作用是向气缸供给空气和燃料。汽油机的燃油与空气在气缸外部混合，形成可燃混合气进入气缸；在柴油机中，燃油与空气分别引入气缸，在气缸内混合。供给系统由进气系统和燃油供给系统组成。

5. 内燃机润滑系统的组成及作用是什么？

润滑系统是由机油泵、压力阀、润滑油道、机油滤清器和机油冷却器等组成。其功能主要是将一定数量的清洁润滑油送到各摩擦部位，润滑、冷却和净化摩擦表面。

6. 内燃机的配气机构的功能是什么？

内燃机运行过程中进入气缸的空气或可燃混合气的更换是由轴驱动的配气机构控制。配气机构按照内燃机的工作顺序，定时地打开或关闭进、排气门，使空气或可燃混合气进入气缸和从气缸中排出废气。

7. 内燃机配气机构的组成及布置形式是什么？

配气机构由进气门、摇臂、推杆、挺柱、凸轮和齿轮等组成。它分为侧置气门式配气机构和顶置气门式配气机构两种。

8. 内燃机冷却系统的组成及作用是什么？

冷却系统由水泵、散热器、风扇、分水管和机体及气缸盖浇铸出的水套等组成。其作用是利用冷却水将受热零件的热量带走，保证内燃机正常工作。

9. 内燃机启动系统的组成及作用是什么？

启动系统由启动电动机、启动发电机、启动汽油机和辅助装置等组成。其作用是使内燃机由静止状态过渡到运转工作状态。

10. 内燃机点火系统的组成及作用是什么？

汽油机点火系统由蓄电池、发电机、火花塞、点火线圈、分电器和磁电机等组成。汽油机点火系统产生足够能量的高压电流，准时和可靠地在火花塞两极间击穿、发生火花，点燃汽油机或煤气机气缸的混合气。

第八节　搅拌设备

1. 搅拌机由哪几部分组成？

由电动机、减速器和搅拌器组成。

2. 搅拌器按工作原理可分为哪几类？各类搅拌器的特点是什么？

可分为两大类：一类以旋桨式为代表，其工作原理与轴流泵叶轮相同，具有流量大，压头低的特点，液体在搅拌釜内主要作轴向和切向运动；另一类以涡轮式为代表，其工作原理与离心泵叶轮相似，液体在搅拌釜内主要作径向和切向运动，与旋桨式相比具有流量较小，压头较高的特点。

3. 搅拌器安装技术要求有哪些？

(1)找正基准面在安装搅拌器的顶部法兰面上。

(2)要求找顶法兰面的水平度，允许偏差符合搅拌器说明书要求。

(3)顶法兰找平采用水平尺和方水平仪进行。

(4)找正完毕时，搅拌器填料密封处轴的径向摆动量不大于搅拌器说明书中的技术要求。

4. 搅拌器联轴器对中找正有什么技术要求？

(1)联轴器对中应在搅拌器安装结束后进行。

(2)根据随机技术文件确定齿轮箱与电机主轴的轴端距，其误差不得超过技术文件规定的范围。

(3)联轴器找同心采用双表法或单表法进行，通过对电机的调整来达到同心度要求，联轴器对中数据应以随机技术资料为准，如随机技术资料无规定，则根据规范及按照联轴器种类和外径确定对中数据，记录数据。

5. 搅拌器底部轴承座的安装有哪些技术要求？

搅拌轴测量合格后，对与底部有轴承的将底部的轴承安装就位，先将支承固定三脚架安装就位，合格后安装轴瓦安装杆，再安装轴瓦、轴套，最后安装轴，搅拌传动装置与搅拌容器的安装面的连接必须紧固牢靠，轴线与安装平面垂直度符合技术要求。

6. 如何测量搅拌轴的跳动？

搅拌传动装置与搅拌器组装后，应保证轴密封处的轴的径向跳动量，对于填料密封应不大于0.2mm；对于机械密封应不大于0.5mm，并且用手盘动时轻巧灵活，无卡阻现象。

7. 搅拌机空负荷试运转应符合什么要求？

(1)润滑系统运行正常。

(2)密封系统正常。

(3)电机旋转方向应正确。

(4)在正常液位下运行2h。

(5)在运行中检查振动值不大于11mm/s，轴承温度不大于技术要求，无异常声响，机械密封无泄漏。

8. 釜用搅拌机的减速器主要有哪几种？

(1)谐波减速器。

(2)摆线针齿行星减速器。

(3)LC两级齿轮减速器。

(4)P 型 V 带减速器。

9. 釜用机械密封安装应注意哪些事项？

机械密封零部件必须轻拿轻放；妥善保管在货架上，不得乱堆乱压，随时注意保护好密封端面。在装配前，必须将轴和机械密封零部件清洗干净，在轴上抹上油以利滑动。装动、静环到轴上时必须用手将其端正，不得偏斜，否则易伤到端面内缘。当滑动阻力较大时，不得强行滑动，应退出密封件，将轴打磨后再穿，严禁用螺丝刀等坚硬器具撬拨端面。

10. 釜用机械密封试运转时端面受损是什么原因引起的？

密封面内进入杂质，拉伤端面。

11. 釜用机械密封安装时动环不正或受力不均是什么原因引起的？

动环后面的定位环调整不当，是动环弹簧施加到动环各处的力不均匀，在密封面上产生的比压有过大和过小之患。当介质压力作用时，密封比压的地方会出现泄漏。

第九节　分离过滤设备

1. 石油化工行业中常见的过滤设备有哪些？

板框式压滤机、箱式压滤机、叶滤机、转鼓真空过滤机、盘式真空过滤机、折带过滤机等。

2. 石油化工行业广泛采用的固液分离过滤离心机有哪些？

三足式离心机、上悬式离心机、卧式刮刀卸料离心机、卧式活塞推料离心机、立式离心力卸料离心机、立式螺旋卸料离心机、卧式螺旋卸料离心机、颠动卸料离心机等。

3. 外滤面转鼓真空过滤机安装时如何防止刮刀碰擦?

(1)在安装调试刮刀前应对转鼓作全面盘车检查。转鼓外圆柱面上不得有凸起、凹陷或突出的螺钉头等;转鼓外圆对左右轴颈公共轴心线和径向跳动按转鼓直径大小规定,要求每米直径不得大于1.5mm,且最大跳动量不超过5mm。

(2)在安装调整刮板时必须手动盘车,使装上筛板的转鼓旋转,以检查刮刀与筛板的最小间隙。此间隙应留有足够的余量,以避免刮刀与筛板上后装的金属滤网和滤布碰擦。

4. 固液分离过滤离心机怎样选择安装找平基准?

(1)制造厂加工在机器上的找平基准面,如卧式螺旋卸料沉降离心机上的找平基准面。

(2)制造厂技术文件中指定的基准,如有的制造厂指定三足式离心机上的找平基准面。

(3)轴的外露精加工段。

(4)轴上装配件的精加工面,如联轴器的精加工面。

(5)其他与轴平行的精加工面。

5. 转鼓真空过滤机试运转应符合什么要求?

(1)转鼓无抖动现象。

(2)减速机振动应符合技术资料相关要求。

(3)滑动轴承温度不大于65℃。

(4)滚动轴承温度不大于70℃。

(5)填料密封泄漏不超标。

(6)电机负荷不超过额定电流。

6. 固液分离过滤离心机试运时轴承温升过高是什么原因？

(1)轴承内部不清洁。

(2)轴承内充填油脂过量(指滚动轴承)。

(3)浸没润滑轴承的油位太低。

(4)皮带轮的皮带张得太紧而施加过大的径向力到轴承上。

(5)对循环油润滑的轴承供油不足。

(6)油脂不良，杂质脏物多。

7. 刮刀卸料离心机液压机构不灵是什么原因造成的？

(1)活塞与油缸配合过紧或局部过紧，加工面表面粗糙度超标。

(2)油缸油封压得太紧，使活塞杆运动阻力大。

(3)活塞杆弯曲变形。

(4)液压油太脏，使活塞卡涩。

(5)油系统中含有大量空气。

(6)油封装配不当形成泄漏。

第十节　包装码垛机

1. 包装机组由哪几部分组成？

每套包装机组主要包括双联秤形式电子包装秤，自动上袋、皮带输送单元，折边缝包单元、倒袋整形单元和除尘器等。

2. 包装机的安装要求有哪些？

包装机组的各组成部件按安装图位置依次摆好，然后对各组成部件的位置进行精确的安装、找正，输送机输送平面的高度偏差保证在 0 ~ 2mm，皮带输送机的工作平面的水平度要求为 ±1.5mm。

(1)过渡料斗就位后，调整过渡料斗的中心(即包装机的中心)与造粒机下料中心的中心距；

(2)装袋机就位前，应对机身底部和地脚螺栓进行除脂和清洗，装袋机安装采用垫铁安装，平垫铁与斜垫铁配对使用，每组垫铁不应超过 4 块。垫铁与基础应均匀接触，接触面积达 50% 以上；每个地脚螺栓旁放置两组垫铁且两组垫铁应尽量靠近。装袋机与供袋机就位后，使装袋机料斗中心与电子秤平台过渡料斗中心对正，装袋中心与安装中心线重合，并与生产线的输送方向一致；

(3)通过调整立袋输送机的地脚将前后支架调整水平，再拧动调整轴，使立袋输送机输送平面升降，达到规定要求；

(4)其他输送机的调整方法为：将地脚处的锁紧螺母松开，用扳手拧动调整螺杆下端的穿销螺母，使输送机升降，调整地脚盘的位置范围；

(5)缝口机的位置调整正确后，将底板上的四角顶丝旋动，使其接触地面，令设备四点触地，调整底板位置使皮带松紧适度；

(6)装袋机精找后对地脚螺栓进行灌浆，供袋机的地脚用膨胀螺栓固定。

3. 码垛机的安装要求有哪些?

(1)码垛机组的各组成部件按安装图位置依次摆好，然后对各组成部件的位置进行精确的安装、找正，各输送机的工作平面的高度差在 0 ~ 5mm，皮带输送机、辊子输送机、链条输送机的工作平面的水平度要求为 ±1.5mm。缓停压平机、编组机、推袋压袋机工作平面的调整通过其上的安装长孔。

(2)设备按照图纸要求安装完毕后，将其固定，固定方法为：

①斜坡输送机、托盘输送机、托盘仓、垛盘输送机用膨胀螺栓固定；

②缓停压平机、编组机、推袋压袋机通过螺栓与平台固定。

4. 简述包装码垛机空负荷试运转应符合什么要求？

(1)齿轮副，链条与链轮啮合应平稳，无不正常的噪声和磨损。

(2)润滑、气动等各辅助系统的工作应正常，无渗漏现象。

(3)各种仪表应工作正常。

(4)进行噪声测量，不应大于80dB。

(5)往复运动部件的行程、边速和限位，在整个行程上其运动应平稳，不应有振动、爬行和停滞现象，换向不得有不正常的声响主运动和进给运动机构的启动、运转、停止和制动，手控和自动控制下，均应正确、可靠、无异常现象。

第十一节　其他设备

1. 曝气机由哪几部分组成？

由曝气叶轮、减速器、叶轮升降装置、电动机、调速器等组成。

2. 曝气机试运转时齿轮啮合不好，运转噪声是什么原因引起的？

曝气机减速器采用螺旋伞轮－圆柱斜齿轮传动，安装调整不当易影响伞齿轮的啮合。卸开快速和慢速立轴的轴承压盖检查轴承情况后，重装立轴上下压盖时使轴产生了位移，而未对齿轮啮合情况进行必要的检查。

3. 石油化工行业中常见的转筒式设备有哪些?

石油化工行业中常见的转筒式设备有转筒干燥机、喷浆造粒干燥机、回转炉、球磨机等。

4. 压缩式制冷机主要由哪几部分组成?制冷原理是什么?

压缩式制冷机主要由压缩、冷凝、节流、蒸发四个过程的机器设备所组成。它是国内目前常用的空调制冷设备。其工作原理是:利用容积或透平式压缩机,对低温低压的氨或氟里昂蒸气加压成高温高压的气体后去冷凝器;经普通水或常温空气冷却变成低温高压液体。再经膨胀阀减压后,进入蒸发器。液体在蒸发器里进行蒸发后又变成气体。液体在蒸发过程中,要吸收大量的热能,人们就利用它来制成冷冻水或直接冷却空气。这时,氨或氟里昂又变成了低温低压的气体了。氨或氟里昂变成低温低压的气体后,再进入压缩机重新压缩,如此往复循环,使达到了制冷的目的。

5. 烟气轮机组装后,齿式联轴器隔套的轴向位移一般为多少?

轴向位移一般不应小于6.5mm。

6. 如何测量烟气轮机动叶顶间隙?

测量烟气轮机动叶片顶间隙时,一般选用的量具是塞尺,不得少于8个测点。

第三篇 质量控制

第一章　通用设备安装工程

图 3-1-1　泵出入口缺配对法兰及紧固件

1. 开箱验收应注意哪些问题?

(1)仔细检查包装箱外观及设备外观的完好性;

(2)核对设备及部件与图纸、装箱清单是否一致;图 3-1-1 所示为泵出入口缺配对法兰及紧固件;

(3)检查安装在设备本体的压力表、温度计等部件是否齐全、完好。

2. 设备地脚螺栓灌浆困难产生的原因及预防措施是什么?

(1)原因分析

地脚螺栓预留孔距机组底座边缘远,基础顶标高过高,距底座高差小。

(2)防治措施

①基础处理时保证二次灌浆层厚度;

②从底座外的基础开一斜槽到地脚螺栓孔。

3. 垫铁安放位置不当产生的原因及危害是什么?

垫铁安装不满足要求，如图 3-1-2 所示。

图 3-1-2　垫铁安装不满足要求

(1)原因分析

对设备承垫垫铁的基本知识理解不清，不能严格按照合理的要求进行摆设，施工作业马虎。

(2)危害

垫铁不能充分发挥承受合理负载和保持设备稳定的作用。垫铁如承垫过多，将浪费大量钢材；垫铁如承垫过少，使垫铁局部承受载荷过大，或传递载荷不均匀，破坏基础和机械设备运转的承垫稳定性。

4. 为什么会发生一次灌浆料粘结不牢固的现象?

(1)原因分析

①螺栓表面的油脂未进行处理或处理不彻底，如图 3-1-3(a)所示;

②地脚螺栓孔壁未进行凿毛，如图 3-1-3(b)所示；

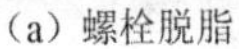

（a）螺栓脱脂

(b)地脚螺栓孔壁未凿毛

图 3-1-3

③地脚螺栓孔内部清理不彻底。

(2)预防措施

①使用火焰或酒精将地脚螺栓需要埋入灌浆料的部分进行彻底的脱脂处理；

②清理地脚螺栓孔壁的杂物并进行凿毛处理，将螺栓孔内的杂物、水清理干净。

5. 二次灌浆层出现裂纹或与底座间有间隙，产生的原因及预防措施是什么?

二次灌浆层出现空腔，如图 3-1-4 所示。

图 3-1-4　二次灌浆层出现空腔

(1)原因分析

①灌浆料配比不当，二次灌浆层收缩；

②干浆法捣固不实，每次捣固时间不够；

③二次灌浆未一次性完成，中间停顿时间超标；

④养护不好；

⑤机组安装前底座下表面存在油污，未清理干净。

(2)预防措施

①配比严格遵守说明书，水分要根据气温和空气湿度进行适当调整；干料拌料要边拌边用，一次不可拌得太多；

②灌浆要连续不断，直到整个机器灌完；

③要边充填边捣实，每层不可太厚，每次捣实到填充层表面注水，才能再填下一层；

④任何该灌浆的部位，都要充填满、捣实，灌浆后认真养护；

⑤设备底座安装前清理干净下表面油污。

6. 紧固地脚螺栓时底座下降超差的原因及预防措施是什么?

紧固地脚螺栓时底座下降超差，如图 3-1-5 所示。

图 3-1-5　紧固地脚螺栓时底座下降超差

(1)原因分析

①灌浆料配比不当，二次灌浆层收缩；

②地脚螺栓孔灌浆与二次灌浆同时进行。

(2)预防措施

①严格执行灌浆料配比。

②地脚螺栓孔灌浆一定要在二次灌浆前进行。

7. 设备部件存储时发生损坏的原因及防治措施是什么?

(1)原因分析

①未按保管设备装箱的有关要求保管，有的零部件存放凌乱，如图 3-1-6 所示；

图 3-1-6 零部件存放凌乱

②设备开箱后，未能做好保养维护工作。

(2)预防措施

①设备应在仓库存放，对有特殊要求的应采取相应措施，对允许在室外存放的，才能放置在露天仓库。存放位置满足要求，并设置防火、防雨、防鼠、防压及防倒等措施；

②开箱后短期内不具备安装条件的，要设专人做好保养维护等工作；

③随机带来的配套电气、仪表、专用工具、量具、备品备件及随机技术资料应清点后交相关部门妥善保管。

8. 图3-1-7中有什么质量问题，如何防治？

图3-1-7 垫铁组高度超标

(1)质量问题

①设备垫铁块数过多、过高，垫铁组未进行点焊；

②斜铁放置不正确。

(2)预防措施

设备垫铁的块数应按照施工及验收规范的要求进行摆放，斜垫铁应配对使用，与平垫铁组成垫铁组时，垫铁的层数宜为三层(即一平二斜)，最多不应超过四层，薄垫铁厚度不应小于2mm，并放在斜垫铁与厚平垫铁之间。斜垫铁可与同号或者大一号的平垫铁搭配使用。垫铁组的高度宜为30～70mm。垫铁组检查合格后应在垫铁组的两侧进行层间定位焊焊牢，垫铁与机器底座之间不得焊接。

9. 图 3-1-8 中存在什么质量问题，如何防治？

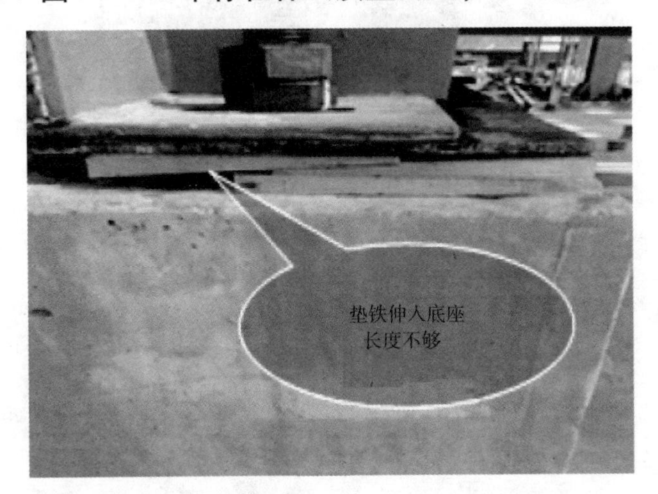

图 3-1-8

(1)存在问题

设备底座四周垫铁的外露长短不一，呈犬牙状。

(2)预防措施

①每一垫铁组应放置整齐平稳，接触良好，并应露出底座 10mm～30mm；

②地脚螺栓两侧的垫铁组，每块垫铁伸入机器底座底面的长度，均应超过地脚螺栓；

③机器底座的底面与垫铁接触宽度不够时，垫铁组放置的位置应保证底座坐落在垫铁组承压面的中部；

④配对斜垫铁的搭接长度应不小于全长的 3/4，其相互间的偏斜角 α 应不大于 3°。

10. 图 3-1-9 中存在什么质量问题，如何防治？

图 3-1-9 设备找正操作不当

(1)存在问题

手锤直接敲击设备底座，成品防护不到位。

(2)预防措施

设备找正过程中需要调整设备时，应在手锤与设备之间垫方木对设备进行保护，防止设备脱漆、变形。

第二章 机泵安装工程

1. 往复泵不转动的原因及预防措施是什么？

(1)原因分析

①电源线接线不良或断线；

②电压过低或电源与电动机额定电压不符；

③排出管堵塞；

④减速器有缺陷；

⑤十字头润滑不良或有锈死等缺陷。

(2)预防措施

①处理或更换电源线；

②找出原因，采取措施；

③清扫排出管；

④检查、拆修处理缺陷处；

⑤检查、处理十字头缺陷，并添加合格的润滑油。

2. 配管后泵对中数据变化大的原因及防治措施是什么？

机泵配管如图3-2-1所示。

(1)原因分析

配管对机组施加了附加力，配管时没有进行对中监视或监视虚假。

图3-2-1 机泵配管

(2)防治措施

①配管时从泵开始向远离泵的方向进行配管，同时按照图纸制作安装支吊架；

②与泵管口法兰连接时必须保证法兰口同心和平行，方可穿法兰螺栓。只能调节管子和支吊架，不得强制对口；

③与泵管口法兰连接时，从穿第一颗螺栓直到全部螺栓紧固完，都要架表监视泵对中，对中变化不得超过规定值。

3. 泵或电动机发热的原因和防治措施是什么？

(1)原因分析

①设备轴承出现故障；

②填料压盖过紧；

③电动机电流过载；

④配管时对机组施加了附加力，配管时没有进行对中监视或监视虚假。

(2)防治措施

①配管时从泵开始向远离泵的方向进行配管，同时按照图纸制作安装支吊架；

②检查、处理减速机部分的故障；

③排油并重新注入所规定的油至规定的液面；

④调整放松填料；

⑤检查原因并调整找正泵中心至合格。

4. 离心泵不吸水的原因及防治措施是什么？

(1)原因分析

①注入泵的水不够或者水管与仪表漏气；

②底阀没有打开或已经堵塞；

③吸水管阻力大或吸水管滤网堵塞；

④吸水高度太高；

⑤电动机接线错误。

(2)防治措施

①重新往泵里灌水，拧紧堵塞漏气处；

②检查并校正底阀或更换底阀；

③更换吸水管或清洗滤网；

④降低吸水高度；

⑤调换电动机接线位置。

5. 离心水泵不出水或流量低的原因和防治措施是什么？

(1)原因分析

①出水管阻力太大或管内有异物；

②水泵叶轮堵塞；

③密封环有缺陷；

④水泵转速不够或旋转方向不对。

(2)防治措施

①检查或缩短水管，清除异物；

②清洗水泵叶轮；

③更换密封环；

④检查、修理或更换电动机，使电动机正转。

6. 离心泵振动大的原因和防护措施是什么?

(1)原因分析

①泵轴与电动机轴不同心；

②泵轴弯曲；

③叶轮损坏或不平衡；

④地脚螺栓松动，基础不牢固或垫铁移滑；

⑤轴承压盖紧力不符合要求。

(2)防治措施

①调整水泵轴同电动机轴的同心度；

②修理、调整或更换水泵轴；

③更换水泵叶轮或校正到平衡；

④紧固地脚螺栓或修理加固基础、调整垫铁后并焊死垫铁组；

⑤调整轴承压盖紧力。

7. 试车时离心泵轴承发热的原因和防治措施是什么?

(1)原因分析

①泵轴承缺油或油脂不合格；

②水泵轴同电机轴不同心；

③轴承盖对轴承施加的紧力过大；

④轴封填料过紧；

⑤轴承损坏或轴承有缺陷。

(2)防治措施

①在泵轴承处加油或检查、清洗轴承后更换润滑油；

②调整泵轴同电动机轴的同心度；

③调整轴承盖对轴承施加的紧力；

④调整轴封填料；

⑤更换轴承。

8. 联轴节的不同轴度超差的危害和防治措施是什么？

(1)危害

设备不同轴度超过技术标准要求时，在运转中可能产生振动，同时还会使轴承磨损，损坏零、部件，使设备不能保持正常的运行。

(2)防治措施

施工中应使用经过计量合格的量具进行测量，要严格按照规范和厂家要求进行设备对中找正，如图 3-2-2 所示。

图 3-2-2 轴对中找正

9. 联轴节端面间隙值超差的危害和防治措施是什么？

(1)危害

两半联轴器端面间隙过大，使两传动轴扭力增大，增加不必要的外负荷，可导致设备运转不平稳。如两半联轴器端面间隙过小，不能满足轴向伸长窜动所需的间隙要求。

(2)防治措施

①应按照施工及验收规范的规定进行安装调整。

②对中、小型有共用底座的整体安装的设备，两半联轴器端面间隙过大时，可采取扩长电机底座脚定位槽的办法解决。

第三章　往复式压缩机组安装工程

1. 机身水平超差产生的原因及预防措施是什么？

(1)原因分析

①机身上的横梁和拉杆未装配好，使其在吊装、找正、找平及拧紧地脚螺栓时发生变形，影响水平的检测，使读数有较大的误差；

②地脚螺栓未对称均匀地拧紧；

③制造加工原因造成机身水平不理想。

(2)防治措施

①机身上的横梁及拉杆必须装配在正确的位置上，并拧紧螺栓螺母；

②必须对称均匀地拧紧地脚螺栓；

③由于制造加工或机身变形造成的机身横向水平不理想，应综合考虑两中体连接孔水平度、机身与中体垂直剖分面的垂直度，使机身的横向水平尽可能地满足找平要求。当机身的横向水平无法判断时，通过中体滑道水平来找正机身的横向水平；

④纵向找平时，由于机身制造上的问题，可能会出现各瓦窝之间的水平读数和方向不符合安装的要求，此时应根据所测水平读数、方向进行综合判断、调整。

机身瓦窝处找平和主机滑道找平分别如图3-3-1、图3-3-2所示。

图 3-3-1 机身瓦窝处找平

图 3-3-2 主机滑道找平

2. 中体滑道水平读数、方向不符合要求的原因及防治措施?

(1)原因分析

①中体与机身的接合面未清洗干净或安装时有异物落入;

②中体与机身的接合面在运输、吊装过程中受到损伤或有其他缺陷;

③中体与机身的连接螺栓未对称均匀拧紧;

④机身安装时横向水平不符合安装要求，导致安装中体时，中体的横向水平不符合要求；

⑤制造加工原因造成中体滑道水平不理想。

(2)防治措施

①中体与机身的接合面必须清洗干净，安装时防止异物落入；

②仔细检查中体和机身的接合面有无损伤和其他缺陷，否则应及时处理或更换；

③连接螺栓必须对称均匀地拧紧；

④重新调整机身的水平，直至其水平符合安装要求为止；

⑤滑道前、中、后水平读数或方向不一致时，应根据三者的读数方向进行综合判断调整。

3. 气缸水平度不符合要求的原因及防治措施?

(1)原因分析

①中体与气缸连接的止口面未清洗干净或安装时有异物进入；

②在吊装或运输过程中接合面受到损伤或其他缺陷；

③连接螺栓未对称均匀拧紧；

④受机身、中体水平度的影响；

⑤制造加工原因造成气缸水平不理想。

(2)防治措施

①中体与气缸的接合面必须清洗干净，安装时防止异物落入；

②安装前，必须仔细检查中间接筒与气缸的接合面有无损伤，否则应及时处理；

③对称均匀的拧紧连接螺栓；

④调整机身、中体的水平度，直至符合要求为止；

⑤若气缸前、中、后三者的水平读数或方向不一致，应根据

三者的实际情况进行综合判断调整。

4. 气缸支承松动产生的原因及预防措施是什么？

(1)原因分析

①基础沉降；

②安装时未调整到位。

(2)防治措施

①基础施工时必须严格执行施工验收规范和设计说明书，防止基础沉降；

②当基础沉降后，可在支承下面加铜皮或不锈钢皮，此时应保证气缸的水平度符合要求。

5. 电机底座与轴承座绝缘不良产生的原因及预防措施是什么？

(1)原因分析

①绝缘材料不合格或破损；

②安装不正确；

③有铁屑或其他杂物造成绝缘不良。

(2)防治措施

①更换绝缘材料；

②检查各绝缘材料是否安装到位，有无漏装；

③所有绝缘材料接触的连接螺栓、螺栓孔、底座轴承座均应清洗干净，防止异物进入。

6. 电机主轴轴向窜动超差产生的原因及预防措施是什么？

(1)原因分析

①电机轴向水平度不符合要求；

②定子磁力中心与转子磁力中心不相符。

(2)防治措施

①调整电机轴向水平，使其符合技术文件要求；

②调整磁力中心线，使定子磁力中心线与转子磁力中心线达到技术文件要求。

7. 机身振动超差的原因及防治措施?

(1)原因分析

①与中体接合面不好；

②两侧压缩不平衡；

③联轴器对中不良；

④受气缸或电机影响；

⑤轴承或十字头间隙过大；

⑥曲轴本身安装不正确或与气缸连杆等中心线不垂直；

⑦地脚螺栓未拧紧；

⑧垫铁面积太小、不平整、过高、位置摆设不合理。

(2)防治措施

①调整中体并紧固定位；

②联系设计单位以增设平衡管路；

③保证联轴器的对中精度；

④消除或减小电机、气缸振动；

⑤更换新瓦，调整十字头；

⑥安装时，必须保证中体、气缸间的同心度以及其中心线与曲轴中心线的垂直度；

⑦对称均匀地拧紧地脚螺栓；

⑧在安装时，要选用合格的垫铁并布置合理。

8. 气缸振动产生的原因及预防措施是什么？

(1)原因分析

①填料或活塞环摩擦；

②气缸支承不对；

③受机身或管道振动的影响；

④压缩比超差；

⑤气缸内有异物；

⑥十字头、活塞与气缸中心的同心度不符合要求。

(2)防治措施

①更换填料或活塞环；

②调整气缸支承与气缸的松紧度；

③消除或减小机身、管路振动；

④调整各阀门开度，使压缩比正常；

⑤取出缸内异物；

⑥调整十字头、活塞中心，使之与气缸中心的同心度符合要求。

9. 往复式压缩机系统管路振动产生的原因及预防措施是什么？

(1)原因分析

①支承刚性差或太松；

②由压缩机本身不平衡的惯性力和系统脉动性引起共振。

(2)防治措施

①加固支承，紧固管卡；

②采取短管路支承；

③与压缩机连接的管路用管卡紧固，管卡数量要合适；

④增设节流孔板，或加设缓振装置。

10. 气缸产生异常响声的原因及预防措施是什么?

(1)原因分析

①活塞碰撞气缸内端面;

②活塞螺母松动;

③水进入气缸;

④杂物落入气缸;

⑤气缸润滑油过多;

⑥活塞与气缸中心不一致。

(2)防治措施

①应按设备技术文件的要求,调整好气缸与活塞的余隙;

②活塞螺母要拧紧、锁牢;

③气缸水套和水冷却系统经过压力试验合格后,方能使用,以保证油水分离效果;

④打开阀座口,清除杂物;

⑤采用合适的注油量,使用符合要求的润滑油;

⑥按设备技术文件和施工规范要求找正活塞与气缸的中心。

11. 阀件产生异响的原因及预防措施是什么?

(1)原因分析

①阀片折断;

②阀座装入阀腔时没有放正或阀腔上压紧螺栓未拧紧。

(2)防治措施

①更换阀片;

②正确安装气阀,螺栓必须拧紧。

12. 缸体过热产生的原因及预防措施是什么?

(1)原因分析

①气缸冷却水夹套不畅通;

②冷却水供应不足；

③缸套松动；

④余隙过大；

⑤镜面拉伤。

(2)防治措施

①清除堵塞物；

②增加供水量，降低水温；

③更换缸套，装配后必须紧固；

④调整余隙，使之满足技术文件要求；

⑤调整处理气缸、活塞环、活塞杆。

13. 轴承产生发热的原因及预防措施是什么?

(1)原因分析

①主轴瓦间隙不合适；

②主轴瓦润滑不足；

③曲轴装配偏差过大。

(2)防治措施

①调整主轴瓦的径向和轴向间隙，使之满足设备技术文件的要求；

②润滑油油质符合要求，供油要充足，并保证一定的油压；润滑油分布要合理均匀，以保证正常的油楔和油压；

③正确装配曲轴，使其满足设备技术文件规定的要求。

14. 连杆易出现哪些问题，如何防治?

(1)易出现的问题

①连杆大头瓦径向间隙过大，产生敲击、振动和烧瓦；

②大头瓦径向间隙过小，引起烧瓦、抱轴，破坏合金层；

③连杆大头瓦窝圆度不符合要求，造成烧瓦等破坏；

④小头瓦松动，引起小头瓦十字头烧损等破坏；

⑤小头瓦轴向间隙大，使连杆在运动过程中发生横向移动、歪斜，产生敲击振动；

⑥小头瓦轴间间隙过小，受热膨胀时容易咬住，产生发热和烧瓦；

⑦小头瓦径向间隙不合适，过大时会产生敲击振动；过小时会产生发热、烧瓦和抱轴。

(2)防治措施

①在安装时，必须保证连杆大、小头瓦各间隙值满足设备技术文件和施工验收规范的要求；连杆大、小头瓦间隙检查如图3-3-3所示。

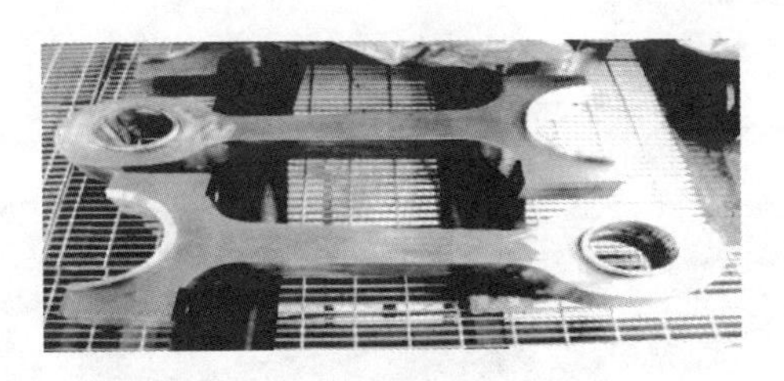

图3-3-3 连杆大、小头瓦间隙检查

②检查连杆大头瓦窝的圆度，特别是定位销孔附近，不符合要求时，须及时处理后方能安装；连杆大头瓦圆度检查如图3-3-4所示。

图3-3-4 连杆大头瓦圆度检查

③小头瓦与连杆装配时，必须保证其过盈量，装配时，最好采用冷装法。

15. 十字头易出现哪些问题，如何防治？

(1)易出现的问题

①十字头跑偏或横移，引起敲击和发热；

②滑道间隙过大，容易产生十字头跳动、敲击的异响声；

③十字头零件紧固不够，出现松动而产生异响；

④受曲轴、连杆的影响；

⑤润滑不良。

(2)防治措施

①正确装配十字头；

②保证十字头与滑道的间隙在规定范围以内，十字头间隙检查如图3-3-5所示。

图3-3-5 十字头间隙检查

③对各紧固件要对称均匀拧紧，并加上制动防松垫圈；

④安装曲轴、连杆时，要严格控制各间隙值和曲轴中心线与滑道中心线的垂直度，使其符合设备技术文件和施工验收规范的要求；

⑤保证润滑系统运行正常，油质符合要求，出现问题时要及时处理。

16. 活塞杆与填料易出现哪些问题，如何防治？

(1)易出现的问题

①两者不同心，当压缩机运转时产生严重的摩擦，造成异常发热和漏气；

②压紧角装错而产生摩擦、发热、漏气；

③密封圈弹簧安装歪斜，压力不均匀而发生过热现象；

④密封器内有杂物，引起摩擦、发热；

⑤活塞杆与密封器未经磨合，配合密封不够；

⑥润滑油孔道(冷却水通路)阻塞，使润滑油(冷却水)不能进入密封器内部，造成活塞杆、密封器过热。

(2)防治措施

①安装填料与活塞杆时，不要安放歪斜，连接螺栓要对称均匀地拧紧；

②密封器压紧角安装时要仔细检查，不要装错；

③安装密封圈弹簧时，可以涂抹一些干黄油后放入弹簧孔内，以免弹簧安装歪斜；

④安装时，密封器必须清洗干净，防止杂物落入；

⑤新安装的压缩机，“磨合”一段时间后就会趋于正常；

⑥安装时，密封器润滑油孔道(冷却水通道)应用压缩空气吹洗，以确保畅通。

17. 循环润滑油系统易出现哪些问题，如何防治？

(1)易出现的问题

①油路渗漏；

②油路堵塞，进油口过滤层数太多；

③油泵出现故障；

④冷却水系统工作不正常，使油温升高压力下降；

⑤受油质影响。

(2)防治措施

①更换密封垫圈，重新缠绕密封带，拧紧连接螺栓、管接头螺母等；

②油系统必须清洗干净，必要时，对油冷器进行抽芯检查处理。在进油口处，去掉多余的过滤网层；

③调整间隙，更换填料；

④保证冷却水工作正常；

⑤保证油质符合使用要求。

18. 进、排气压力过低产生的原因及预防措施是什么？

(1)原因分析

①原始进气压力过低；

②气阀运行不正常；

③活塞环泄漏；

④管路泄漏，管道阻力大。

(2)防治措施

①调整进气压力；

②重新调整气阀，更换损坏件；

③安装时，仔细清洗检查活塞环有无损伤等缺陷；

④防止管路泄漏，减少管路阻力。

19. 功率消耗过大产生的原因及预防措施？

(1)原因分析

①机组内漏量大；

②摩擦严重；

③管路阻力大。

(2)防治措施

①检查吸排气压力及温度情况，更换相应密封垫；

②调整润滑油系统和摩擦间隙；

③减少管道弯曲和长度，增大直径。

第四章　离心式压缩机安装工程

1. 零部件丢失、损坏、锈蚀的原因及预防措施是什么?

(1)原因分析

①各专业零部件品种数量繁多，装箱混乱，保管混乱;

②防锈、防雨、防潮措施不利。

(2)防治措施

①按专业、品种、规格摆放保管，落实每个零部件属何专业，用在什么部位;

②认真防锈、防潮。

2. 预埋套管垂直度超差的原因及防治措施是什么?

(1)原因分析

①预埋套管和基础固定骨架组焊后不垂直;

②预埋套管在基础浇筑时发生倾斜。

(2)防治措施

①预埋套管和基础固定骨架组焊后检查其垂直度;

②基础浇筑过程中严格检查预埋套管的垂直度;

③基础浇筑完成后复查预埋套管的垂直度。

3. 机组地脚螺栓灌浆困难的原因及防治措施是什么?

(1)原因分析

地脚螺栓预留孔距机组底座边缘远，基础顶标高过高，距底座高差小，如图3-4-1所示。

图3-4-1 基础顶面距底座间距太小

(2)防治措施

①基础处理时保证二次灌浆层厚度；

②从底座外的基础打一斜槽到地脚螺栓孔。

4. 转子拆卸或吊装就位时发生转子与轴封等内件碰撞的原因及防治措施是什么?

(1)原因分析

①转子拆卸时，转子的吊起高度未达到要求，水平移动转子，从而发生转子与内件相碰撞；

②转子起吊前的吊点捆绑不牢固，在吊装过程中发生吊点滑移，从而造成转子突然倾斜，碰坏转子或其他部件；

③拆卸或就位转子时，转子起吊不水平，从而发生转子与轴封等内件碰撞。

(2)防治措施

①转子吊装过程一定要有专人指挥，并确认吊起高度达到要求后，方可水平移动到要求位置，再缓缓下放到指定位置；

②转子起吊前应复查吊点是否捆绑牢固；

③起吊过程中保持转子呈水平状态，再缓缓起升、降落以及水平移动。转子就位检测如图 3-4-2 所示。

图 3-4-2　转子就位检测

5. 转子产生质量缺陷的原因及防治措施是什么？

(1)原因分析

①转子制造不合格；

②转子的包装和保管存放不善，造成转子永久变形、损伤等缺陷；

③装有转子的包装箱在吊装、运输过程中，因猛力碰撞或跌落事故，致使转子弯曲或其他损坏。

(2)防治措施

①转子出厂必须有合格证书，并附相应的动平衡等技术性能指标；

②开箱时，应认真检查转子的包装及衬垫是否符合要求，有无损坏现象。必须严格按其特定的技术要求条件保管存放，以防转子发生永久性变形；转子开箱检验如图 3-4-3 所示。

图 3-4-3　转子开箱检验

③对装有转子的包装箱在吊装和运输过程中，应特别小心操作，严禁倾斜、碰撞，更不允许发生跌落现象。

6. 调节顶丝找平时，影响纵横中心线找正的原因及防治措施是什么？

(1)原因分析

①顶丝垫板水平度不符合要求，如图 3-4-4 所示。

②顶丝伸出底座太长。

图 3-4-4　调节顶丝板

(2)防治措施

①保证顶丝垫板水平度符合要求；

②顶丝垫板埋置时应保证距底座的高差。

7. 顶丝无法退出的原因及防治措施是什么?

(1)原因分析

灌浆层把顶丝螺纹咬住。

(2)防治措施

灌浆前将顶丝用箔纸包上或薄薄涂沫一层润滑脂。

8. 对中时气缸与支座间垫片厚度达不到对中要求的原因及防治措施是什么?

(1)原因分析

①初对中前没有检查气缸猫爪螺栓位置和垫片厚度；

②初对中时移动了压缩机气缸，调整了原制造厂配好的垫片厚度。

(2)防治措施

①初对中前要检查压缩机底座支脚标高及调整垫片厚度是否符合要求，气缸猫爪螺栓是否在螺栓孔中心，调整猫爪垫片如图3-4-5所示。

图3-4-5 调整猫爪垫片

②初对中时只能调节顶丝和地脚螺栓，不得随意移动气缸和增减气缸垫片。

9. 透平和压缩机一次灌浆后再对中时达不到要求的原因及防治措施是什么?

(1)原因分析

一次灌浆时，地脚螺栓倾斜和偏离了底座螺栓孔中心，限制了底座的移动。

(2)防治措施

一次灌浆前，制作安放地脚螺栓固定套，保证地脚螺栓垂直底座且在底座螺栓孔中心。

10. 联轴器端面间距不能同时满足的原因及预防措施是什么?

(1)原因分析

①对中时没有把转子推向止推轴承主推力面;

②已组装的半联轴器出厂时没有安装到位。

(2)防治措施

①对中前确认两半联轴器已安装到位、锁紧装置已锁好;

②对中时把两个转子分别推向止推轴承主推力面侧，再检测轴端距;

③对一个缸两端都有联轴器的情况，检测两端轴间距时，都要把转子推向止推轴承主推力面侧;

④对同一底座上的联轴器轴间距用移动气缸来调整；分开底座的联轴器轴间距，应整体移动压缩机底座来调整。多轴系压缩机组如图3-4-6所示。

图 3-4-6　多轴系压缩机组

11. 轴向表读数没有真正反映转子的轴向偏差的原因及防治措施是什么?

(1)原因分析

盘车时转子轴向窜动，轴向表读数不是真正的轴向偏差。

(2)防治措施

对中盘车时要把转子推向推力轴承的主推力面，或增加一块监视轴向窜动的表。轴对中测量如图 3-4-7 所示。

图 3-4-7　轴对中测量

12. 配管后机组对中数据变化大的原因及防治措施是什么?

图 3-4-8 压缩机配管

(1)原因分析

配管对机组施加了附加力，配管时没有进行对中监视或监视虚假，如图 3-4-8 所示。

(2)防治措施

①与机组管口法兰连接时必须保证法兰口同心度、平行度及间距的要求，方可穿法兰螺栓；

②与机组管口法兰连接时，从穿第一颗螺栓直到全部螺栓紧固完，都要架表监视机组对中情况，对中数据变化不得超过规定值。

13. 机组缸体内落入异物的原因及预防措施是什么?

(1)原因分析

①出厂时管口封闭不好;

②配管时没有在管口加挡板；

③试压水进入；

④放空管设计不合理，雨水进入。

(2)防治措施

①开箱时严格检查管口封堵情况；

②配管时一定要在朝上管口加挡板，管道试压吹扫后正式复位时再取下；

③试压上水、放水时，应严防水进入机组缸体和孔腔；

④修改放空管位置。

14. 油冲洗临时软管或过滤网被冲破的原因及预防措施是什么?

(1)原因分析

①回油总管过滤网堵塞，油系统超压；

②临时软管材料不耐油，捆扎不牢；

③临时阀门未全开，甚至关闭时开泵。

(2)防治措施

①临时软管要耐油；

②回油总管过滤网拆换完毕，立即全开临时阀门；

③初始油冲洗时，要密切监视回油管视镜情况。要勤停泵，勤换过滤网，避免油系统超压和冲破过滤网。

15. 压缩机产生异常振动和异常噪声的原因及预防措施是什么?

(1)原因分析

①联轴器对中不良；

②压缩机转子不平衡；

③叶轮损坏；

④轴承存在问题；

⑤联轴器故障或不平衡；

⑥密封环不良；

⑦油压、油温不正常；

⑧油中有污垢、不清洁，使轴承磨损；

⑨喘振；

⑩气体管路的应力传递给机壳。

(2)防治措施

①卸下联轴器，使原动机单独转动，如果原动机转动时没有异常振动，则故障可能由不对中引起，检查对中情况并参照安装说明书处理；

②检查转子，看是否由污垢或损害引起，如有必要应对转子重新进行动平衡试验；

③检查叶轮，必要时进行修复或更换；

④检查轴承、调整间隙，必要是修复或更换；

⑤检查联轴节平衡情况，检查联轴器螺栓、螺母；

⑥检查测定密封环间隙，必要时修复或更换；

⑦检查各注油点油压、油温机油系统工作情况，发现异常进行调整；

⑧查明污垢来源，检查油质，加强过滤，定期换油，检查轴承，调整间隙；

⑨检查压缩机运行时是否远离喘振点，防喘装置是否工作正常；

⑩气体管路应固定好，防止有过大的应力作用在压缩机气缸上，管路应有足够的弹性补偿。

16. 压缩机轴承工作不正常，发生故障的原因及预防措施是什么？

(1)原因分析

①润滑不正常；

②对中超差；

③轴承间隙不符合要求；

④压缩机转子或联轴器不平衡。

(2)防治措施

①确保使用合格的润滑油，不应有水和污垢进入油中；

②检查对中情况，必要时进行调整；

③检查轴承间隙，必要时应进行调整或更换轴承；

④检查压缩机转子组件和联轴器，是否有污物附着或转子组件缺损，必要时转子应重新做动平衡。

第五章 工业汽轮机安装工程

1. 锚板螺栓在汽轮机就位后无法安装应如何处理?

(1)原因分析

汽轮机就位后，锚板螺栓无法安装，一般为施工程序错误。锚板螺栓较长，汽轮机就位后，不能从上面安装，而从下往上穿。或因冷凝器与基础间高差小，锚板螺栓也不能安装。

(2)防治措施

汽轮机就位前，起吊在基础上方时，把地脚螺栓全部穿挂在底座上与汽轮机一起就位。

2. 凝汽器和汽轮机连接时透平受到附加外力应如何处理?

(1)原因分析

冷凝器和汽轮机连接时，汽轮机找平、轴对中数据变化，存在焊接应力或法兰紧固时给汽轮机施加了外力。

(2)防治措施

连接口找平对好后，把膨胀节固定螺栓松开，再焊接或紧固法兰螺栓，焊接应力和螺栓紧固力由膨胀节吸收、补偿。

3. 冷凝器排气总管与汽轮机连接的法兰口泄漏应如何处理?

(1)原因分析

①法兰口不平行;

②垫片有缺陷；

③垫片没有涂抹密封胶。

(2)防治措施

①冷凝器找平、找正时，一定要以排气总管的法兰口为基准，找平冷凝器进口法兰，保证两法兰口平行、同心。

②确认垫片完好，两面涂抹密封胶，插入法兰口后，再把冷凝器平行升高，紧固法兰口。

4. 冷凝器滑动支座滑动受阻应如何处理?

(1)原因分析

冷凝器支座滑动(温度变化)受阻，滑动支座被地脚螺栓挡住，不能在滑动板上自由滑动，安装时没有检查确认。

(2)防治措施

地脚螺栓一次灌浆时，根据冷凝器滑动方向摆正地脚螺栓在支座螺栓孔中的位置。螺栓孔有足够的滑动余量。

5. 汽轮机的蒸汽管道存在应力应如何处理?

汽轮机的蒸汽管道存在应力，如图 3-5-1 所示。

图 3-5-1　汽轮机蒸汽管道存在应力

(1)原因分析

蒸汽管路法兰接口错位强制连接或管路布置不合理，作用在汽轮机上的力和力矩超过允许值。

(2)防治措施

蒸汽管道安装按要求进行，并对蒸汽管路进行安装前消应力，按规定要求调整管路支吊架。

6. 汽轮机滑销系统装配、调整不当应如何处理?

(1)原因分析

汽轮机启动、运行时热膨胀受阻，致使转子与气缸、轴承座的对中被破坏而引起振动。

(2)防治措施

振动频率与转速合拍，在前、后轴承座三个方位测量振动，可判断哪个部位导向键卡涩，安装时严格按厂家技术指导文件调整导向件。

7. 汽轮机转子与气缸找中不好该如何处理?

汽轮机转子与气缸找中不好，如图 3-5-2 所示。

(1)原因分析

汽轮机安装时转子与气缸找中不好，在汽轮机单机试车时就会出现振动异常，汽轮机启动过程中，随着转速和机内温度的升高，动、静体产生碰擦，在轴振动振幅增大的同时还伴有刺耳的尖叫声，振动信号中有高频分量，振动波形紊乱。

(2)防治措施

安装过程中严格按厂家技术说明复校中心，如发现较大偏差，按技术说明要求调校中心。

图 3-5-2　汽轮机转子与气缸找中不好

8. 汽轮机主油泵进、出油管道法兰接口错位存在什么隐患，应如何防治？

(1)存在隐患

法兰接口错位，管道的干扰力使汽轮机振动不正常，随着转速升高，前轴承座壳体振动明显增大，振动信号中有低频分量。

(2)防治措施

按规范要求安装主油泵进、出油管道。

9. 汽轮机转子与被驱动机转子对中不好会对机组造成什么结果，应如何防治？

(1)产生结果

汽轮机单机试车时振动良好，机组试车时出现振动异常，振动波形有 2 倍频谐波。轴承座壳体振动轴向振幅增大表明端面平行度超差；径向振幅增大通常是不同轴度偏差过大。

(2)防治措施

按厂家技术文件要求修正冷态对中值。

10. 汽轮机推力瓦块装错该如何处理?

(1)原因分析

安装或检修过程中，拆装推力轴承时，不注意推力瓦块上的方向标记，将正、副推力瓦块错位装入。

(2)防治措施

安装或更换瓦块时须注意，对推力瓦块做好标记，注意旋转方向并检查每一块瓦的厚度。

11. 如何防治汽轮机油管路振动?

汽轮机油管路振动，如图 3-5-3 所示。

图 3-5-3 汽轮机油管路振动

(1)原因分析

油管道安装不规范而引起汽轮机的油管路振动。汽轮机运行时出现二次油管道的高频振动，也有一些汽轮机正常运行时油管路无异常，而在速关停机时，保安油路管道出现振动。油管路振动使管道、接口、焊缝产生动载荷，很可能引起接口密封紧力松弛，焊口开裂而造成漏油、冒油。

(2)防治措施

按要求安装油管路，适当设置管夹或支架。

12. 汽轮机真空系统不严密该如何处理?

汽轮机真空系统不严密。如图 3-5-4 所示。

图 3-5-4 汽轮机真空系统不严密

(1)原因分析

①汽轮机真空系统运行不正常，无法建立正常的真空系统；

②真空下降时，短时间关闭抽气器的空气门(<1min)，若抽气器真空升高而凝汽器真空继续下降，则表明真空降低是由漏入空气量增加所致；

③负荷降低时真空下降，负荷升高时真空又恢复正常，一般真空降低是由与低压缸连接管道的接合面漏气引起的。

(2)防治措施

真空系统可能发生漏气的地方很多，诸如排气缸与接管法兰、接管焊口、排汽安全阀、疏水器、阀门、接头等，查找缺陷不仅需熟悉系统，而且还需细致和耐心，在查明原因后及时正确处理。

13. 立式冷凝液泵盘车时泵内有卡涩、异常声响应如何处理?

(1)原因分析

转动部件轴向位置不对，与非转动部件接触。

(2)防治措施

安装时，首先要检查泵轴转动部件垂直提升量，检测轴间距时要计算1/2提升量或按技术文件要求，在组装联轴节时把泵轴提起1/2提升量。

14. 汽轮机抽气器工作不正常应如何处理?

汽轮机抽气器工作不正常，如图3-5-5所示。

图3-5-5 汽轮机抽气器工作不正常

（1）原因分析

①冷却器冷却水量不足，被抽出蒸汽、空气混合物中的蒸汽不能充分凝结，抽气器排气管有大量蒸汽冒出；

②疏水器故障或疏水阀关闭不严使空气漏入抽气器；

③抽气器喷嘴与扩散器距离调整不当，使抽气性能下降；

④抽气器进汽管路吹扫不彻底，杂物随蒸汽冲入抽气器，封堵蒸汽滤网，甚至损坏滤网引起喷嘴堵塞。

（2）防治措施

①试运前保障冷却器冷却水量；

②检查抽气器的所有疏水器或疏水阀，保障严密性；

③按图纸要求调整抽气器喷嘴与扩散器距离；

④对抽气器进汽管路进行彻底吹扫。

15. 汽轮机电液转换器工作不正常应如何处理？

汽轮机电液转换器工作不正常，如图3-5-6所示。

图3-5-6 汽轮机电液转换器工作不正常

(1)原因分析

采用电液调节系统的汽轮机，在运行一段时间后，电液转换器电流信号与输出油压关系与试运行时测定数据相比较，同样电流信号对应的油压下降。一般是因油系统清洁度较差，电液转换器进油滤网堵塞引起的。

(2)防治措施

汽轮机在油循环过程中要加强油系统的维护，提高油系统清洁度。

16. 汽轮机二次油压高频振荡应如何处理?

汽轮机二次油压高频振荡，如图3-5-7所示。

图3-5-7 汽轮机二次油压高频振荡

(1)原因分析

使用液压放大器的汽轮机，有时在某一工况因二次油压振荡而产生二次油压力表指针抖动，二次油管路振动，机组负荷或转速出现不衰减的快速波动。一般由下列因素造成：

①二次油路上的单向节流阀或调整错油门的调节阀的开度过大；

②二次油管路上没有固定管夹。

(2)防治措施

可通过适度关小二次油路上的单向节流阀或调整错油门的调节阀，降低滑阀的转动频率，减小滑阀振幅，扼制二次油的振荡，必要时在二次油管路上加装管夹。

17. 汽轮机找平与转子找同心度矛盾应如何处理？

汽轮机找平与转子找同心度矛盾，如图3-5-8所示。

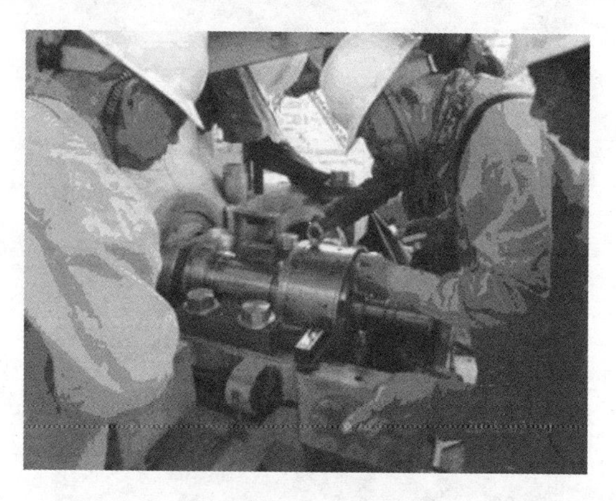

图3-5-8 汽轮机找平与转子找同心度矛盾

(1)原因分析

汽轮机找平和找转子与轴承座同心度时出现矛盾，一般由下列因素造成：

①运输等影响，底座轻微变形；

②制造厂组装时没达到要求。

(2)防治措施

①调节顶丝和地脚螺栓消除底座变形，恢复到出厂时状态。如果达不到要求，可以在关键部位增设小型调节千斤顶，二次灌浆前此处不灌浆，待二次灌浆养护 3～5 天后，再取出千斤顶补灌；

②转子与轴承座同心度必须保证，水平一般依排气侧轴颈纵向水平，轴承座纵、横向水平，调速器侧轴承座横向水平为准，其余作参考即可；

③亦可征求供货商代表意见，如允许增减轴承座下面的调整垫片则采用此法为佳。

18. 汽轮机组冷态对中符合要求，运行时中心产生偏移应如何处理?

汽轮机组运行时中心产生偏移，如图 3-5-9 所示。

(1)原因分析

汽轮机单机试车振动良好，且机组冷态对中曲线符合要求，机组联动试车出现振动异常。背压式汽轮机当机组达到某一负荷或排汽温度升到一定温度后驱动端振动明显增大；凝汽式汽轮机排汽接管运行时温度高于安装时的环境温度，若安装时预拉量偏小，运行时排汽接管膨胀使汽轮机后轴承中心抬高，同时，运行时排缸内部处于真空状态，排气缸在大气压力作用下使后轴承中心下移。因此，由轴承中心位置变化产生的振动与排汽温度、排汽真空度有关。

(2)防治措施

背压式汽轮机，停机后立即复测转子对中数据，并据此修正

图 3-5-9　汽轮机组运行时中心产生偏移

冷态对中值；凝汽式汽轮机，停机后在盘车、轴封送汽保持真空的状态下，检测对中值，据此修正冷态对中值。

19. 汽轮机与被驱动机的轴向定位不符合要求应如何处理？

(1)原因分析

在与汽轮机直联的发电机组中，若发电机动、静体轴向间隙小于汽轮机转子的轴向膨胀量，运行时，汽轮机转子膨胀推动发电机转子轴向移动，当发电机动、静部分碰擦时机组产生强烈振动并伴有巨大声响，造成设备损坏事故。

(2)防治措施

机组安装时，根据汽轮机转子轴向膨胀量正确定位。

第六章 其他机械设备安装工程

1. 斗式提升机部件运转擦碰应如何处理？

(1)原因分析

①提升机外壳筒体垂直度误差大，与提升皮带或链条运行中心成交角，造成局部间隙过小；

②外壳与运行中心同心度差；

③皮带或链条太松，运转引起振幅过大而使料斗与壳壁擦碰。

(2)防治措施

①用线锤找正外壳，允许误差≤1/1000，整体误差$<H/2000$(H为筒体高度)；

②调整驱动机构和拉紧轮中心，使之与壳体同心；

③调整拉紧轮，将皮带或链条紧力增加，如仍过长，则取下一段链条或切去一节皮带，然后重新联接好。

2. 螺旋输送机螺旋与外壳摩擦应如何处理？

(1)原因分析

①螺旋片与外壳壁间隙太小；

②螺旋轴中间挠度过大；

③内部有金属杂物。

(2)防治措施

①安装螺旋片时，各点间隙应符合要求，并注意螺旋轴的水

平度；

②有些水平放置的螺旋轴较长，而中间未装轴承支架，在安装时应增设；

③安装时，不小心将工具或螺栓、螺母等丢在机器内，运转时易卡在壳与螺旋片之间，因此安装结束后，一定要作内部清理检查，防止杂物留在里面。

3. 皮带运输机皮带打滑应如何处理？

(1)原因分析

①滚轮表面有油，或油冷式电动滚筒漏油；

②皮带拉紧力不够。

(2)防治措施

①清除辊子表面油污，清理皮带内表面，检查电动滚筒堵头是否拧紧，端面密封是否严密；

②对于螺旋式拉紧装置，皮带接头时应预留松紧冲程，使运行中便于调节。皮带打滑时，应旋转螺杆，拉紧皮带。对于车式拉紧装置和垂直拉紧装置，可增加配重以拉紧皮带。

4. 振动筛输送性能不好或异常噪声应如何处理？

(1)原因分析

①电源或喂料故障；

②零件松弛；

③弹簧元件失效；

④筛网或筛板堵塞；

⑤筛网接触到固定元件。

(2)防治措施

①重新维修电源或喂料器；

②零件松弛的使用力矩扳手按规定力矩紧固；

③弹簧元件失效的重新更换；

④清理堵塞的筛网或筛板；

⑤重新调整筛网与固定元件的间隙。

5. 离心式干燥机异常振动应如何处理？

(1)原因分析

①不正确的装配及平衡不好；

②提升装置损坏；

③大块料粘结在转子上；

④转子内堆积颗粒碎屑；

⑤轴承损坏；

⑥转子转速过高或过低。

(2)防治措施

①不正确的装配及平衡不好的平衡转子按规定进行装配；

②更换损坏的提升装置叶片；

③清理粘结在转子上的大块物料；

④清洗堆积在转子内颗粒碎屑；

⑤更换损坏的轴承；

⑥转子转速过高或过低的应按照技术参数说明操作。

6. 挤压造粒机螺杆尾部出现粉料泄漏应如何处理？

挤压造粒机螺杆尾部出现粉料泄漏，如图 3-6-1 所示。

(1)原因分析

①弹簧初始压缩过小；

②密封件磨损；

③氮气供给不足；

④密封件安装不准确。

图 3-6-1 挤压造粒机螺杆尾部出现粉料泄漏

(2)防治措施

①将初始压缩过小弹簧的弹簧更换；

②检查密封件，如密封件磨损严重应更换；

③按规定安装密封件；

④重新调整氮气供给压力至规定值。

7. 挤压造粒机组摩擦离合器不脱开或脱开太慢应如何处理?

挤压造粒机组摩擦离合器不脱开，如图 3-6-2 所示。

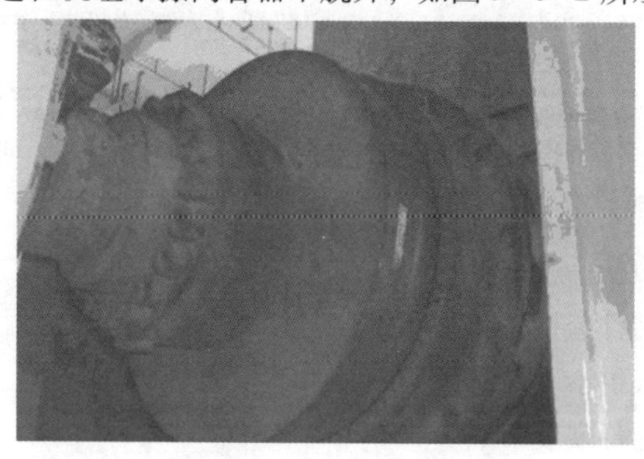

图 3-6-2 挤压造粒机组摩擦离合器不脱开

(1)原因分析

由于摩擦盘过热会产生变形，导致摩擦盘内部导向部分卡住。

(2)防治措施

更换整个摩擦部件。

8. 挤压造粒机组主减速器运行时内部有异常声响应如何处理?

挤压造粒机组主减速器检修如图 3-6-3 所示。

图 3-6-3　挤压造粒机组主减速器检修

(1)原因分析

挤压造粒机组主减速器齿轮或轴承损坏。

(2)防治措施

用振动传感器测试，并分析测量值的趋势。用光谱法进行油品分析，检查保留在过滤器内的金属颗粒组分(合金组分)，必要时开箱检查转动部件并更换损坏部件。

9. 起重机钢轨标高超差应如何防治？

（1）原因分析

①标尺精度差，标尺不正或弯曲；水准仪未调平，水准仪架设点摇动；

②钢轨有挠度或拱度。

（2）防治措施

①标尺刻度要精确到毫米，测量时应使尺垂直；水准仪各处水泡应在正中，将仪器摆放在不会产生摇动的地方；

②装前校直钢轨，安装中压紧压板。

第四篇　安全知识

第一章 专业安全

第一节 基本操作

1. 使用虎钳时应注意哪些事项?

(1)虎钳装在工作台上必须牢固，不能松动。

(2)夹持较长工件进行操作时，未夹的一端必须用支架支牢。

(3)夹紧工作时，不得敲打虎钳手柄。

2. 使用手锤时应注意哪些事项?

(1)使用大锤、手锤时应检查锤头是否牢固，木柄是否有裂纹。

(2)锤柄和锤头不得沾有油脂，打锤时不准戴手套，否则易从手中滑脱。

(3)锤头卷边或不平时应修理好后再用。

(4)使用手锤应注意附近人员的安全，前后不能站人。

3. 使用錾子时应注意哪些事项?

(1)錾子的顶端应保持清洁，不得沾上油脂，避免敲打时滑脱。

(2)錾子用久后尾端卷边时必须修整后方能使用。

(3)使用錾子时，禁止对面站人，如两人面对面工作，应在前方放置屏障或挡板。

(4)在金属屑快要凿脱落时要轻轻用力，以防铁屑崩飞伤人。

(5)使用錾子时要握紧，精神要集中。

4. 使用锉刀和刮刀时应注意哪些事项?

(1)不得使用无木柄或木柄松动的锉刀和刮刀。

(2)锉刀不得当做手锤或撬棍使用。

(3)锉屑不可用嘴吹和手抹，必须用刷子清除。

(4)使用锉刀不可用力过猛，以防折断。

(5)使用刮刀不可拿着工件削刮或用力过猛，防止刮伤。

5. 使用螺丝刀和螺钉时应注意哪些事项?

(1)螺丝刀口不可太薄或太狭窄，以免拧紧螺丝时滑出。

(2)不得将工件拿在手上用螺丝刀松紧螺丝。

(3)螺丝刀和螺钉不可用榔头锤击，以免手柄破裂;

(4)螺丝刀和螺钉不可当錾子使用。

6. 使用手锯时应注意哪些事项?

(1)手锯条不可装得太松或太紧。

(2)手锯往返必须在同一直线上，用力过猛当心锯条折断伤人。

(3)工件一定要紧固牢，以免因工件松动折断锯条伤人。

(4)工件将要锯断时，不可用力大，防止工件脱落砸伤。

7. 使用扳手时应注意哪些事项?

(1)紧固螺栓时扳手必须卡紧螺母。

(2)使用扳手不可用力太猛。

(3)严禁使用有缺陷、变形、带油污的扳手。

(4)使用扳手时必须注意施工环境，防止碰伤。

8. 钻孔的安全注意事项有哪些?

(1)工件夹紧牢固。

(2)严禁戴手套，长发应束于帽内。

(3)工件下面必须垫上垫块，以免钻坏工作台。

(4)钻孔过程中不准用手清理铁屑和用嘴吹铁屑。

(5)钻床未完全停止时不准去握停钻头，松紧钻头必须用专用工具。

(6)严禁在运转过程中进行变速操作。

9. 使用砂轮机、磨光机时应注意哪些事项?

(1)使用砂轮机、磨光机时要佩戴防护用具。

(2)使用砂轮机前，要检查砂轮片的质量情况，并进行试转。

(3)用砂轮机进行磨削工作时，严禁正面操作。

第二节 现场安装

1. 设备开箱验收安全要求有哪些?

(1)开箱前，对作业人员进行交底，并设置作业警戒区域，无关人员不得进入。

(2)设备开箱时，根据设备包装箱形状、大小选择正确的开箱方式和工具，并确认设备外包装的箭头等相关标志。

(3)禁止使用大锤击打包装箱，以免震坏或砸伤设备。

(4)用撬杠撬时，不可用力过猛，以防闪空和碰伤。

(5)及时清理现场，带钉子的木板要集中摆放，谨防包装箱上钉子伤人;

(6)不得采用底部掏空的方法拆箱，单面拆除时主支撑不得破坏;

(7)大型包装箱采用机械配合时，严格遵守机械作业安全规程，预防机械伤害。

2. 设备基础验收及处理时应注意哪些事项？

(1)验收处理高于1.8m的设备基础时，按要求系挂安全带。

(2)基础验收及处理时，基础四周的孔洞及临边要及时进行维护。

(3)基础表面处理时，穿戴好防护用品。

(4)清理预留孔、表面浮尘不得使用氧气、乙炔等易燃易爆气体。

(5)基础处理作业时，杂物及时清除，不得向下抛物。

(6)基础、平台上的工具、材料摆放要整齐。

3. 设备拉运和吊装的安全措施有哪些？

(1)设备拉运，要了解清楚设备、道路、现场等条件。

(2)对超高、超长、超宽、超重的设备搬运时，编制拉运方案，落实好安全措施。

(3)根据拉运设备的重量，正确选择所需的车辆、吊索具。

(4)装卸、拉运时，要保证所吊设备内外质量不受损坏，必要时取下易损坏零部件，并将稳定性差的设备进行捆扎固定，以防设备在车箱内相互碰撞。

(5)拉运时，必须将设备及部件封车固定好，严禁快速行驶、急转弯、急刹车等危险性操作。

(6)运输过程中严禁人货混装。

(7)设备吊装时要根据重量和跨度合理选择吊车。

(8)设备吊装时，现场要专人指挥，起重作业人员持证上岗。

(9)吊装时严禁无关人员进入吊装区域。

4. 设备就位时应注意哪些安全事项？

(1)设备就位时，作业场地保持通畅。

(2)设备上临时放置的零配件、工具要取下，以免坠落伤人。

(3)使用滚杠移动设备时，准备好楔子及时制动。

(4)撬杠撬设备时，撬杠旁边不要站人，防止用力过猛撬杠滑出伤人。

(5)利用千斤顶、手拉葫芦、起重设备辅助就位时，支点要合理。

(6)安装地脚螺栓和放置垫铁时，注意不要挤伤或砸伤手指。

(7)形状不规则或偏重的设备，要及时做好支撑固定措施，未固定前不得拆除，以防倾翻。

(8)多人作业时，要统一指挥，以防发生挤压和设备损坏事故。

(9)及时做好设备防护措施，设备及组件伸出基础的部分悬挂警示标识。

5. 设备找平、找正、对中有哪些安全要求?

(1)所使用的工具必须完好，工具上不得有油污，有缺陷的工具禁止使用。

(2)工具、垫铁、其他材料摆放要合理，方便使用。

(3)撬杠撬设备时，防止用力过猛，以免撬杠滑出伤人。

(4)作业时，要注意设备周围、基础边缘，以防碰伤和踩空。

(5)使用机械、工具辅助找正时，支点、吊点要合理。

(6)使用垫铁、垫片时注意不要掉落伤人。

(7)找平、找正、对中使用的量器具，轻拿轻放，以防掉落损坏。

(8)对中盘车前要脱开驱动与被驱动轮的连接部位，并注意旋转方向。

6. 机组安装的安全要求有哪些?

(1)安装前组织作业人员进行安全技术交底，明确各作业人员的工作内容及职责。

(2)机组安装现场实行封闭性管理，严禁无关人员进入现场。

(3)必须正确穿戴好个人防护用品，应将所有的设备、工具等提前准备完毕，并检查工具的完好性。

(4)安装前，应对施工现场的杂物进行清理，随时检查现场的作业环境，排除存在的及潜在危险因素、安全隐患。

(5)根据现场实际情况设置必要的人行通道、工作平台及爬梯，并应配置护栏、扶手、安全网等设施。

(6)使用脱漆剂或清洗剂等清理设备附着油污时，作业人员应佩戴防护用具。

(7)设备翻转时，设备下方应设置方木或垫层予以保护，翻转过程中，设备下方不应有人逗留。

(8)用加热法紧固组合螺栓时，作业人员应戴(隔热)电焊手套，严防烫伤。直接用加热棒加热螺栓时，工件应做好接地保护，作业人员应戴绝缘手套。

(9)用液压拉伸工具紧固组合螺栓时，检查液压泵、高压软管及接头应完好。升压应缓慢，如发现渗漏应立即停泵，操作人员应避开喷射方向。操作人员应站在安全位置，严禁头手伸到拉伸器上方。

(10)进入设备内进行清理工作时，应设置通风设备，并应派专人监护。

(11)密闭场所进行防腐、环氧灌浆或打磨作业时，应配备相应的防火、防毒、通风及除尘等设施。

(12)使用液氮冷冻零件时，操作人员应佩戴防护用具，应用专用容器盛装和运送，冷却时防止飞溅。

(13)进行煤油渗漏试验时，应做好防污染、防火措施，附近应严禁明火作业，作业人员应穿防静电服，现场应有专人值班负责监护，同时应配备消防器材。

(14)轴瓦进行研刮时，刮研工具不得有缺陷，工具不得对着人。

(15)零部件存放应设定专用库房，摆放整齐，货架强度要满足使用要求。

(16)在拆装有预压力的零件时，应使用专用工具。

7. 酸洗、脱脂安全要求有哪些？

(1)作业人员要认真执行安全操作规程。

(2)酸洗时，必须穿戴好防酸服、防酸手套、面罩等安全防护用品。

(3)酸洗工作场地应通风，通风不畅的应采取强制通风。

(4)作业时应使用专用工具，严禁用手直接触摸酸碱液及酸洗件。

(5)加注酸洗液、中和液时，缓慢注入，应站在上风口，现场严禁存放酸、碱。

(6)酸洗、脱脂所产生的废液、垃圾严禁随意排放。

8. 静设备压力试验安全要求有哪些？

(1)进行压力试验时，应有审批的施工技术文件，技术人员必须对参加试压的所有人员进行安全、技术交底，严格遵守安全操作规程。

(2)试压区域做好隔离，悬挂警示标志并设专人监护，试压过程中无关人员不得进入现场。

(3)参与试压的作业人员必须服从统一指挥和协调，不得随意开关管路阀门，关键阀门应有醒目标志。

(4)试压用的机械设备，必须完好无缺，并有漏电保护装置和过压安全阀。

(5)作业人员在压力试验过程中应严密监护，不得随便离岗，试验过程中发生异常或设备故障时，应立即停机卸压，检查处理正常后，方可重新升压试验。处理泄漏等缺陷时，应在泄压后进行，严禁带压处理。

(6)压力试验时应缓慢逐级升压，停机稳压后方可进行检查。检查时，检查人员不应正对盲板、法兰、堵头、封头、焊缝等处站立。

(7)试验合格后应缓慢降压、防止抽真空，排放口应设置合理。

9. 阀门试验时应注意哪些安全事项?

(1)阀门试压站应按规定进行封闭式管理，并设立醒目的安全标识，非工作人员不得靠近。

(2)现场作业人员必须进行培训并取得上岗合格证后才能上岗。

(3)阀门搬运时要轻拿轻放，不得用重物撞击阀门。

(4)阀门吊装和吊运时按规定要求执行，不得将索具直接拴绑在手轮上。

(5)阀门在进行外观检查和尺寸检验时，作业人员不得正对法兰、盲板，防止气体、液体伤人。

(6)阀门试压如发现缺陷，严禁带压进行处理。

(7)试验人员离开试验场地必须关闭操作的仪器及电闸、水闸、气闸等，确保无安全隐患后方可撤离。

第三节 试运行阶段安全要求

1. 机械设备试运行前应有哪些安全措施?

(1)试车区域进行隔离，设置警示标识，并保持道路通畅。

(2)试车前仔细检查设备安全防护装置是否完好。

(3)加注润滑油时不得将润滑油滴落在设备及地面上。

(4)检查消防器材是否满足、应急措施是否落实到位。

(5)盘车检查时，作业人员应站在反转方向，以免转动件绞伤。

2. 试车期间应注意哪些事项?

(1)试车过程由专人指挥，严格执行试车方案，要设专人监护。

(2)机器运转时，不得调整、擦拭。

(3)无关人员不得进入试车区域。

(4)试车过程中不得离开试车现场。

(5)出现异常或故障时，应关闭总闸、上锁、挂牌，并由专业人员处理。

3. 试车后需要做到哪几点?

(1)试车结束应关闭相关动力源。

(2)检查清理好现场。

(3)整理收放好工器具。

第二章　通用安全

1. 从业人员安全环保基本职责有哪些？

(1)遵守操作规程和相应作业场所规章制度。

(2)按规定正确佩戴劳动保护用品上岗。

(3)及时清理作业过程产生的垃圾，保持作业环境清洁。

(4)设备安装或检修时，严禁将杂物、工具掉入或遗忘在设备内。

(5)使用钻床、砂轮等设备时，遵守设备操作规程，及时检查安全装置的完好性。

(6)积极参加各项安全活动，危险和环境因素辨识，并采取有效控制措施。

(7)发生事故时，应如实汇报，并积极配合调查处理。

(8)有权拒绝违章指令，对他人违章作业劝阻和制止，做到“四不伤害”。

(9)对本岗位的安全环保职责负责。

2. 安全生产管理必须坚持哪几个方面？

(1)坚持“安全第一，预防为主，综合治理”的方针。

(2)坚持“谁主管、谁负责，管生产必须管安全”的原则。

(3)坚持“安全生产责任制，层层落实安全责任”。

(4)坚持“管理有制度，培训有目的，工作有计划，作业有标准，考评有依据”。

3. 安全生产管理的“四全”原则是什么？

全员、全过程、全方位、全天候。

4. 安全生产的范围包括哪些？

包括人身安全、设备安全。

5. 日常所说的 PPE 是指什么？

就是个人安全防护用品。

6. 施工现场常见的 PPE 有哪些？

主要包括安全带、安全帽、安全鞋、手套、防护眼镜、防护面罩等。

7. 常用的劳动保护用品有那几类？

头部防护用品、呼吸器官防护用品、眼(面)部防护用品、听力防护用品、手和臂防护用品、足部防护用品、躯干防护用品、防高处坠落防护用品等。

8. 如何正确地使用和管理个人劳动防护用品？

个人防护用品的种类较多，如防毒面具、防尘口罩和面罩、各种防护眼镜、工作服、安全帽、手套、垫肩、鞋盖等。要节约使用防护用品，不能把劳动防护用品当作个人日用品使用。要做好有关劳动防护用品的洗涤、缝补和修理等组织工作，尽量延长其使用期限，并建立和健全劳动防护用品的管理制度。

9. 安全帽使用时应注意哪些事项？

使用时，安全帽佩戴要牢固，系紧帽带，低头时不能使安全帽脱落；要爱护安全帽，避免损坏，不要放置在55℃以上的高温场所，不能作为其他用途；凡经受过较大冲击的安全帽，禁止使用。

10. 安全带系挂有什么要求？

(1)应高挂低用，系挂在垂直上方，系挂点于垂直基准面要有足够的高度，应不低于4.35m，如系挂点高度不够，考虑缩短安全带系绳的长度。

(2)安全带应系挂在牢靠的系挂点或构件上，不得系挂在有尖锐棱角的构件上。

(3)无可靠系挂点时，应设置生命线进行系挂。

11. 什么是职业病？构成职业病应具备几个条件？

凡在生产劳动中由于生产性有害因素引起的疾病称为职业病。构成职业病应具备三个条件：

(1)疾病与作业场所的生产性有害因素密切相关；

(2)接触有害因素的剂量，无论过去或现在，已足可导致疾病的发生；

(3)职业性病因大于非职业性病因。

12. 什么是文明施工？

是保持施工现场良好的作业环境、卫生环境和工作秩序。

13. 施工现场对文明施工的要求有哪些？

(1)规范施工现场的场容，保持作业环境的整洁卫生。

(2)科学组织施工，使生产有序进行。

(3)减少施工对周围居民和环境的影响。

14. 作业过程产生的垃圾、废液、废气等不正确的处理会造成哪些环境污染？

可能会造成土壤污染、水体污染、空气污染。

15. 施工现场环境影响因素有哪些？

噪声，粉尘排放，运输遗撒，化学危险品、油品泄漏或挥发，有毒有害废弃物排放，生产、生活污水排放，办公用纸消耗，光污染，离子辐射，混凝土防冻剂的排放等。

16. 施工现场对环境保护的要求是什么？

要采取相应的组织措施和技术措施消除或减轻施工过程中的环境污染与危害。

17. 环境因素识别有几个步骤？

(1)划分和选择组织过程。

(2)确定选定过程中存在的环境因素。

(3)明确每一环境因素的影响。

18. 从业人员在安全方面有哪些权利？

(1)有依法获得社会保险的权利。

(2)有了解作业场所和工作岗位存在危险因素的权利。

(3)有权了解和掌握事故的防范措施和事故应急措施，并对本单位的安全生产工作提出意见和建议。

(4)有对安全生产工作中存在的问题提出批评、检举和控告的权利，有权拒绝违章指挥和强令冒险作业。

(5)发现直接危及人身安全的紧急情况时，有进行紧急避险的权利。

(6)因生产安全事故受到损害时，除依法享有工伤社会保险外，还有依照民事法律的相关规定，向本单位提出赔偿要求的权利。

19. 从业人员在安全方面有哪些义务？

(1)遵守国家有关安全生产方面的法律、法规和规章。

(2)在作业过程中，应当严格遵守本单位的安全生产规章制度和操作规程，服从安全生产管理。

(3)在作业过程中，应当正确佩戴和使用劳动防护用品。

（4）应当自觉地接受生产经营单位有关安全生产的教育和培训，掌握所从事工作应当具备的安全生产知识。

20. 什么是“四不伤害”？

不伤害自己、不伤害他人、不被他人伤害、保护他人不受伤害。

21. 哪些原因容易导致发生机械伤害？

（1）工具、夹具、刀具不牢固导致物料飞出伤人。

（2）设备缺少安全防护设施。

（3）操作现场杂乱、通道不畅通。

（4）金属切屑飞溅等。

22. 安全色的作用是什么，分别代表什么含义？

安全色是传递安全信息含义的颜色，表示禁止、警告、指令、提示等意义，应用安全色使人们能够对威胁安全和健康的物体和环境作出尽快的反应，以减少事故的发生。

安全色应用红、蓝、黄、绿四种，其含义和用途分别如下：

（1）红色表示禁止、停止、消防和危险的意思；

（2）黄色表示注意、警告的意思。需警告人们注意的器件、设备或环境涂以黄色标记；

（3）蓝色表示指令、必须遵守的规定。如指令标志、交通指示标志等；

（4）绿色表示通行、安全和提供信息的意思。

23. 在电线附近工作影响安全和在道路上施工影响通行时采取何种措施？

在电线附近工作影响安全时应断电，在未断电之前禁止工作，以免触电伤人。在道路上施工影响通行时，应用红旗标志，晚上应用红灯标志。

24. 使用手持电动工具有哪些安全注意事项?

使用手持电动工具时，应检查是否有漏电现象，工作时应接上漏电保护器，并且注意保护导电软线，避免发生触电事故，戴手套工作。

25. 怎样合理使用防坠系统?

防坠系统(包括全身式安全带、安全绳、生命线和防坠吊篮等)应设计合理，便于行动且能可靠防止脱落；防坠绳长度不得超过1.8m，最大负重量不低于2450kg；所有防坠系统必须高挂低用，最低不得超过腰部以下。

26. 登高作业有哪些基本要求?

(1)高处作业使用的安全带，各种部件不得任意拆除，有损坏的不得使用。

(2)安全帽使用时必须戴稳、系好下颌带。

(3)登高作业中使用的各种梯子要坚固，放置要平稳。

(4)在瓦楞板作业时，必须铺设坚固、防滑的脚手板。

(5)多层交叉作业时，必须戴安全帽，并设置安全网，禁止垂直交叉作业。

(6)在六级以上强风或其他恶劣气候(如室外雷雨天气)条件下，禁止登高。

(7)高处作业所用的工具、零件、材料等必须装入工具袋内。

(8)高处作业人员必须按要求穿戴个人防护用品和劳保鞋。

(9)使用高空作业个人防护用品时，应进行检查，确保完好无损方可使用。

(10)高空作业时注意周边环境，以免在施工中造成其他事故事件。

(11)与高空作业同时进行的动火作业、消防改造等同时办理相关审批手续。

27. 临边作业有哪些安全规定?

(1)基坑周边，尚未安装栏杆或栏板的阳台、料台与悬挑平台周边，雨篷与挑檐边，无外脚手的屋面与楼层周边及水箱与水塔周边等处，都必须设置防护栏杆。

(2)分层施工的楼梯口和梯段边，必须安装临时护栏。顶层楼梯口应随工程结构进度安装正式防护栏杆。

(3)井架与施工用电梯和脚手架等与建筑物通道的两侧边，必须设防护栏杆。地面通道上部应装设安全防护棚。双笼井架通道中间，应予分隔封闭。

(4)各种垂直运输接料平台，除两侧设防护栏杆外，平台口还应设置安全门或活动防护栏杆。

28. 洞口作业的安全防护措施有哪些?

(1)电梯井口必须设防护栏杆或固定栅门；电梯井内应每隔两层并最多隔10m设一道安全网。

(2)未填土的坑槽，以及人孔、天窗、地板门等处，均应按洞口防护设置稳固的盖件。

(3)施工现场的各类洞口与坑槽等处，除设置防护设施与安全标志外，夜间还应设红灯示警。

(4)洞口采取设防护栏杆、加盖件、张挂安全网与装栅门等措施时，必须符合规范要求。

(5)垃圾井道和烟道，应随楼层的砌筑或安装而消除洞口，或参照预留洞口作防护。

(6)管道井施工时，还应加设明显的标志。如有临时性拆移，需经施工负责人核准，工作完毕后必须恢复防护设施。

(7)位于车辆行驶道旁的洞口、深沟与管道坑、槽所加盖板应能承受不小于当地额定卡车后轮有效承载力2倍的荷载。

(8)墙面、栏杆等处的竖向洞口，凡落地的洞口应加装开关式、工具式或固定式的防护门，门栅网格的间距不应大于15cm，也可采用防护栏杆，下设挡脚板。

(9)下边沿至底面低于80cm的竖向洞口，如侧边落差大于2m时，应加设1.2m高的临时护栏。

29. 现场安全用电措施有哪些?

(1)火线必须进开关。

(2)合理选择照明电压。

(3)合理选择导线。

(4)电气设备要有一定的绝缘电阻。

(5)电气设备的安装要正确。

(6)采用各种保护用具。

(7)正确使用移动电具。

(8)电气设备的保护接地和保护接零。

30. 引起火灾的火源有哪些?

一般可分为直接火源和间接火源两类，直接火源主要有三种：明火、电火花、雷击；间接火源主要有两种：加热自燃起火和本身自燃起火。

31. 干粉灭火器的使用有哪几个步骤?

(1)取出灭火器，并上下摇晃。

(2)拉开保险销。

(3)将喷嘴对准火源根部。

(4)按下灭火器的手柄进行灭火。

32. 班组安全活动要做到的五个结合是什么?

(1)民主与集中相结合。

(2)口头说教和实际行动相结合。

(3)理论分析和生产实践相结合。

(4)集体活动和分散活动相结合。

(5)工作质量与奖惩相结合。

33. 事故应急救援的基本要求是什么?

(1)到达事故现场首先确认现场环境是否安全,避免遇险者二次伤害及救援人员的安全。

(2)了解事故原因及受困及遇险人员数量、受伤轻重、事态严重性,正确判断,安排救援措施或启动应急响应。

(3)呼吸困难或有昏迷状况的需先建立呼吸,现场受伤人员仍然在流血的必须先止血,容易施救的必须先行施救并立刻带离事故现场,转移到安全的空旷地带。

(4)骨折伤员必须先行固定骨折部位后方可转移,以免二次伤害。

(5)怀疑颈椎骨折伤员不可移动,需有专业救援人员固定处理后方可搬动。

34. 作业人员的基本条件有哪些?

(1)具有严格执行安全规章制度的正确态度。

(2)无妨碍工作病症和禁忌。

(3)正确佩戴相应的安全防护用品。

(4)具备必要的相关知识和业务技能。

(5)具备必要的安全健康知识和应急救护能力。

(6)特种作业人员应持证上岗。

35. 安装施工作业结束后，如何做好文明施工？

作业结束，应检查工具及零件是否安全，严防遗落在设备或产品中，场地和所用设备清理干净，工具予以妥善存放。

参考文献

[1]龚克崇，盖仁栢．设备安装技术实用手册．北京：中国建材出版社，1995.

[2]余国琮．化工机械工程手册．北京：化学工业出版社，2002.

[3]王学义．工业汽轮机安装技术问答．北京：中国石化出版社，2015.

[4]王书敏，何可禹．离心式压缩机技术问答：2版．北京：中国石化出版社，2015.

[5]王群，许峰．催化烟机主风机技术问答．北京：中国石化出版社，2005.